I0052382

DU CHOIX ET DE LA CULTURE

DES

POMMES DE TERRE

PAR

COURTOIS-GÉRARD

horticulteur-grainier

PARIS

COURTOIS-GÉRARD ET PAVARD,
MARCHANDS-GRAINIERS,
Rue du Pont-Neuf (près les Halles Centrales).

E. DONNAUD,
LIBRAIRE-ÉDITEUR,
9, RUE CASSETTE, 9

DU CHOIX & DE LA CULTURE

DES

POMMES DE TERRE

25527

C.

PARMENTIER

DU CHOIX ET DE LA CULTURE

DES

POMMES DE TERRE

PAR

COURTOIS-GÉRARD

horticulteur-grainier.

DÉPÔT LÉGAL
Seine
1149
1867

———◦◦———

PARIS

COURTOIS-GÉRARD ET PAVARD,
MARCHANDS-GRAINIERS,
du Pont-Neuf (près les Halles Centrales).

E. DONNAUD,
LIBRAIRE-ÉDITEUR,
9, RUE CASSETTE, 9.

1867

PRÉFACE.

L'Agriculture française a pu croire, au moment où la maladie sévissait avec le plus d'intensité, qu'elle allait être forcée de renoncer à la culture de la pomme de terre, culture qui tient aussi sa place dans le potager. On a persévéré, et l'on a sagement fait; car, si les essais multipliés n'ont point amené la découverte d'un traitement efficace, les semis ont produit une multitude de variétés et de sous-variétés, dont aucune, à la vérité, n'est absolument exempte des atteintes de la maladie; mais dont les propriétés sont assez différentes entre elles pour qu'en choisissant avec discernement, il soit possible de cultiver dans chaque nature de terrain celles qui lui conviennent le mieux, et de réunir dans une même culture, de bonnes pommes de terre pour la consommation à toutes époques de l'année. Car, de nos jours, la pomme de terre est devenue un aliment tellement indispensable pour toutes les classes de consommateurs, qu'il faut pouvoir en fournir à la cuisine tous les jours et en toute saison. Ayant eu l'occasion d'étudier à fond les nombreuses collections de pommes de terre qui ont pris place à la grande exposition de 1855, et de vérifier également les propriétés de celles qui ont été proposées depuis cette époque comme des nouveautés, il nous a paru opportun de réunir toutes les notions qui concernent le choix et la culture d'une plante considérée à juste titre comme la plus précieuse de toutes celles que le Nouveau Monde a données à l'Ancien.

Quant au choix, un examen attentif et judicieux réduit singulièrement le nombre des variétés, les unes précoces, les autres tardives, qui sont classées comme distinctes, et dont souvent les différences, si elles existent, sont extrêmement difficiles à saisir. Quant à la culture, soit naturelle en pleine terre à l'air libre, soit forcée sur couches sous châssis, une longue expérience nous permet de croire les indications que nous donnerons, aussi précises et aussi complètes qu'elles peuvent l'être.

Nous avons cru devoir entrer dans quelques développements au sujet des procédés variés dont on dispose pour conserver et utiliser la pomme de terre, dont la place se fait de jour en jour plus large et plus importante dans nos champs et dans nos jardins, depuis que les alarmes causées par les ravages de la maladie se sont heureusement dissipées, et que le fléau, sans prendre tout à fait congé de nous, a prouvé néanmoins qu'il est impuissant à nous priver d'une de nos plus précieuses ressources alimentaires.

La France ne peut et ne doit pas oublier qu'à une époque ou la pomme de terre avait à lutter contre bien des préjugés et des répugnances pour se faire sa place au soleil, Parmentier consacra de loyaux et persévérants efforts à la faire adopter.

Le portrait de Parmentier placé en tête de cet ouvrage rappellera à nos lecteurs les traits d'un homme auquel l'humanité doit un juste

CHOIX ET CULTURE DES POMMES DE TERRE.   IX

ribut de reconnaissance, dessiné par M. Gué-
rin de Saint-Pol, d'après un buste donné à
. B. Huzard par Parmentier lui-même. Ce
portrait peut être considéré comme d'une
ressemblance parfaite. A cette occasion nous
devons de bien sincères remercîments à notre
bon collègue M. Bouchard Huzard, pour l'em-
pressement avec lequel il a bien voulu mettre
à notre disposition le buste que lui a légué
son aïeul.

COURTOIS-GÉRARD.

DU CHOIX & DE LA CULTURE

DES

POMMES DE TERRE

—◦✕◦—

Historique. — Lorsque les Espagnols firent la conquête du Pérou, au commencement du seizième siècle, ils y trouvèrent la pomme de terre cultivée de temps immémorial par les naturels du pays. Les hautes vallées de l'Amérique du Sud sont donc incontestablement le pays d'origine de cette solanée ; elle s'y rencontre encore assez fréquemment à l'état sauvage. Cette plante était totalement inconnue à l'Europe, lorsque vers 1544, Zarata, alors trésorier du Pérou, la mentionna dans ses écrits pour la première fois ; avant lui, personne en Europe n'en avait entendu parler. Ni l'importation de la

pomme de terre en Irlande par Joseph Hawkins
en 1563, ni son introduction en Angleterre par
Drake en 1566, ne vulgarisèrent en Europe la con-
naissance de la pomme de terre. L'honneur d'attirer
le premier sur elle l'attention des cultivateurs euro-
péens, était réservé à un botaniste belge , l'*Écluse*,
plus connu sous le nom de Clusius, latinisé selon la
mode du temps. Deux tubercules donnés par le
nonce du pape à Bruxelles, à Philippe de Livry,
tombèrent entre les mains de Clusius qui comprit
l'avenir de cette plante et fit de louables efforts
pour la faire accepter dans la grande culture.

Malgré cette tentative, la pomme de terre était
tombée dans un tel oubli en Europe qu'elle fut re-
gardée comme une nouveauté lorsqu'en 1625, Wal-
ter Raleigh, ayant découvert et nommé la Virginie,
en rapporta ce végétal et l'introduisit de nouveau
dans la Grande-Bretagne. Cette fois, la pomme de
terre fit rapidement son chemin ; toutefois, elle ne
fut d'abord acceptée que comme racine fourragère,
utilisée seulement pour la nourriture des bestiaux.
Ce fut aussi en cette qualité qu'elle se répandit sur
le continent ; la Saxe la reçut vers 1717, et la Prusse,
vers 1738.

L'époque de la première introduction de la pomme e terre en France n'a pas été exactement constatée; lle doit remonter aux premières années du XVIIe ècle; elle y resta longtemps, de même qu'en elgique et en Allemagne, à l'état de racine fourra-ère; son emploi à la nourriture de l'homme ne date u France que du milieu du XVIIIe siècle. L'usage limentaire de la pomme de terre en Belgique paraît tre beaucoup plus ancien; car, en 1745, la maladie ésignée sous le nom de *Frisole* dont elle fut atteinte ans les Pays-Bas autrichiens, maladie parfaitement emblable à celle qui sévit encore de nos jours, fut egardée comme une calamité pouvant amener une isette. L'Académie de Bruxelles mit au concours es prix importants offerts à ceux qui découvriraient n remède contre la maladie des pommes de terre.)n peut lire dans les mémoires de cette Académie les issertations que fit éclore ce concours. Le remède herché ne fut pas trouvé; on reconnut unanime-nent qu'on avait abusé de la culture de la pomme e terre, qu'il y avait lieu de la faire revenir moins réquemment dans les assolements, et qu'il fallait enter de la régénérer par la voie des semis, ce qui ut fait. Au bout de quelques années, il ne fut plus

question de la *Frisole*. Ces faits depuis longtemps
oubliés prouvent que, de 1617 à 1765, la culture de la
pomme de terre avait pris un grand développement
en Belgique, alors qu'elle était à peine connue en
France, si ce n'est sur notre extrême frontière du
Nord, dans la Flandre française et le Cambrésis.
Depuis le règne de Henri IV, sous lequel Olivier de
Serres, dans son Théâtre d'Agriculture, avait recommandé la pomme de terre comme racine fourragère,
ses tubercules n'avaient pas pris leur place dans l'ali-
mentation de l'homme. Plusieurs médecins les
avaient même signalés comme pouvant donner lieu
à des maladies de la peau.

Les pages suivantes empruntées à l'*École du
Jardin potager* de de Combles, publiée en 1749,
permettront à nos lecteurs d'apprécier le véritable
état de la question à son point de départ.

« Il y a, dit de Combles, deux espèces de truffes
(nom sous lequel on cultivait la pomme de terre),
qui ne diffèrent l'une de l'autre que par la couleur
extérieure, l'une étant rouge, et l'autre blanche
tirant sur le jaune : cette dernière est préférée,
ayant moins d'âcreté que la première.

» La plante qui la produit, fait une quantité de ra-

:ines ligneuses, blanches et menues, garnies de beaucoup de chevelu : le fruit naît entre deux terres, et tient aux racines par une espèce de pédicule au nombre de vingt ou trente, les uns plus gros, les autres plus petits : ce fruit est d'une forme allongée, arrondie aux deux extrémités, inégale, ayant des espèces d'yeux enfoncés tout autour, qui sont autant de germes de la plante, de la longueur de trois à quatre pouces, sur dix-huit lignes environ de grosseur diamétrale : il est revêtu d'une pellicule qui se lève aisément quand il est cuit : sa chair est blanche et ferme, un peu aqueuse, sans aucune odeur. La plante pousse plusieurs branches à la fois, qui sont dures et ligneuses, presque triangulaires, de couleur en partie verte et en partie rougeâtre, garnies de feuilles et de petits rameaux dans toute son étendue : ces feuilles sont disposées de la même manière que celles du rosier, et de grandeur approchante, d'un vert terne, velues aux sommités des tiges : il sort des aisselles des feuilles quelques bouquets de fleurs portés sur une queue assez longue : ces fleurs sont d'une seule pièce, découpée en étoile, de couleur gris de lin, avec quelques étamines jaunes dans le centre, dont les pointes se réunissent et forment une espèce de quille ; elles sont portées sur un embryon qui se trouve au fond du calice, lequel se change en un fruit rond, de la grosseur d'une petite noix, qui est d'abord vert, et qui jaunit en mûrissant. Ce fruit est charnu, et renferme une quantité de petites graines, par lesquelles la plante se multiplierait, au besoin ; mais on ne s'en sert pas.

» Ce fruit est susceptible de toute sorte d'assaisonnements : on le coupe cru par tranches minces, et on le fait frire au beurre ou à l'huile, après l'avoir saupoudré légèrement de farine ; on le fait cuire dans l'eau, et après lui avoir ôté sa peau, on le coupe par tranches, et on le fricasse au beurre avec l'oignon ; on l'apprête aussi à la sauce blanche ; d'autres le font cuire au vin, mais, la meilleure façon est de le hacher après qu'il est cuit et d'en faire une pâte avec de la mie de pain, quelques jaunes d'œufs et des herbes fines, dont on fait des boulettes qu'on fait roussir au beurre dans la casserole. Les gens du commun le mangent simplement cuit dans les cendres, avec un peu de sel ; et dans les montagnes on en fait du pain. Il s'en fait enfin une consommation très-considérable, particulièrement dans les provinces voisines du Rhône ; et, outre qu'il sert

le nourriture aux hommes, on en engraisse les ani-
naux. J'avouerai cependant que c'est un manger
ade, insipide, et fort à charge à l'estomac ; mais il a
un goût qui plaît à ses amateurs : que peut-on ob-
ecter contre ? et quand on est habitué à une chose,
combien ne perd-elle pas de ses défauts ? Un fait
certain, c'est que ce fruit nourrit, et que par la force
de l'habitude il n'incommode point ceux qui y sont
accoutumés de jeunesse ; d'ailleurs, il est d'un grand
rapport et d'une grande économie pour les gens du
bas état : ces avantages peuvent bien balancer ses
défauts ; il n'est pas inconnu à Paris ; mais il est
vrai qu'il est abandonné au petit peuple, et que les
gens d'un certain ordre mettent au-dessous d'eux de
le voir paraître sur leur table : je ne veux point
leur en inspirer le goût, que je n'ai pas moi-même,
mais on ne doit pas condamner ceux à qui il plait
et à qui il est profitable.

» Je ne lui connais aucune propriété pour la méde-
cine, les auteurs l'ont passé sous silence ; mais on
avait imaginé, il y a quelques années, d'en faire de
la poudre à poudrer, qui pouvait suppléer, dans le
temps de cherté des grains, à la poudre ordinaire.
Elle eut d'abord quelque succès, et le Ministère aida

de sa protection l'entreprise ; mais à l'usage, on lui
reconnut le défaut d'être trop pesante et de ne pas
tenir sur les cheveux ; ce qui la fit échouer, et il
n'en est plus question.

» Cette plante se sème au mois de mars ; elle de-
mande une terre meuble et grasse, labourée profondément : les uns font des trous avec le plantoir et y
jettent la semence ; d'autres font des rayons avec la
binette et la répandent dedans en la recouvrant de
trois ou quatre pouces de terre ; cette dernière façon est la meilleure. Au reste, cette semence n'est
autre que le fruit même qu'on coupe en six, huit ou
dix morceaux, suivant sa grosseur ; car, pourvu
qu'il se trouve un œil dans chaque morceau, il n'en
faut pas davantage. On peut également semer les petites truffes tout entières, à la grosseur d'une noi-
sette, qu'on met à part tous les ans quand on les arrache : on les espace à douze ou quinze pouces les
unes des autres ; quand elles sont levées à une certaine hauteur, on les serfouit ; il n'y faut pas d'autre
culture. Quelques-uns cependant leur coupent la
fane à moitié, quand elle est à peu près à sa hauteur, pour faire mieux profiter le pied ; d'autres l'a-
battent contre terre et jettent une bêchée de terre

dessus ; mais le plus grand nombre n'y fait rien ; et j'ai éprouvé qu'il vient fort bien sans aucune de ces précautions. On arrache les pieds aux environs de la Toussaint, et on détache les fruits si la terre n'est pas trop scellée ; la fourche convient mieux pour cela qu'aucun outil tranchant : on laisse un peu ressuyer le fruit et on l'enferme ensuite, en observant qu'il ne faut pas une serre trop chaude qui le ferait germer, ni une cave trop humide qui le ferait pourrir, ni aucun lieu où la gelée puisse pénétrer ; se trouvant bien placé il se conserve jusqu'après Pâques. » Ce passage si remarquable d'un travail qui remonte à plus d'un siècle, montre que dès cette époque la pomme de terre était appréciée à sa juste valeur, et cultivée d'après des principes rationnels, bien qu'en France elle ne fut pas encore généralement admise dans la grande culture.

Ce fut seulement sous le règne de Louis XVI, peu d'années avant la révolution, que Parmentier entreprit de faire accepter comme préservatif contre la disette la pomme de terre qu'il décorait avec raison du titre de *pain tout fait*. Ses efforts, encouragés par le gouvernement d'alors, obtinrent un plein succès ; le préjugé contre les pommes de terre, comme aliment à l'usage de l'homme, subsista quelque temps encore dans certaines provinces ; mais il était trop vigoureusement attaqué pour ne pas succomber bientôt ; dès les premières années du XIXᵉ siècle, il n'en restait plus de trace sur aucun point de la France.

Terrains propres à la culture de la pomme de terre. — L'un des principaux avantages économiques de la pomme de terre, c'est qu'elle l'accommode de tous les terrains ; il n'en est pas de si stérile qu'elle refuse absolument d'y croître et d'y donner une récolte. Les terres à la fois fertiles et légères sont celles qui lui conviennent le mieux ; elle prospère même dans des terres légères siliceuses médiocrement fertiles. Les terres compactes argileuses sont les moins favorables à sa culture. La même variété dont le rendement en tubercules est de 18,44 pour cent dans un sol léger siliceux, ne donne plus que 13, 57 pour cent dans une terre argileuse.

Quant au climat, bien que son pays d'origine soit situé dans les régions équatoriales, la pomme de terre peut réussir partout où il y a assez d'intervalle entre le moment où il ne gèle plus et celui où il ne gèle pas encore. Il n'est même pas nécessaire que cet intervalle soit très-long. Un agronome suédois, M. Graberg de Hemso, raconte qu'il a vu récolter des pommes de terre petites, mais très-mangeables, dans l'île de Maggeroë, au nord de la Laponie, au pied du rocher qui forme le cap Nord, extrémité septentrionale de l'Europe.

Engrais. — Tous les engrais animalisés, tels que les fumiers des divers bestiaux, conviennent à la culture de la pomme de terre. Dans un sol léger, on lui donne de préférence du fumier fermenté, avancé en décomposition ; dans les terres fortes, plus ou moins compactes, il vaut mieux lui donner du fumier récent, qui achève de se décomposer dans le sol.

Quand la terre consacrée à cette culture ne peut pas être largement fumée, parce qu'on ne dispose pas d'une quantité d'engrais proportionnée à son étendue, on peut, sans craindre de nuire aux tubercules, déposer au moment de la plantation un peu de fumier consommé au fond de chaque trou. Il est possible d'appliquer, selon les ressources locales, les engrais animaux les plus énergiques à cette culture. C'est ainsi qu'en Flandre, après la levée des pommes de terre, chaque touffe est arrosée avec un engrais liquide composé de jus de fumier dans lequel on a délayé une forte dose d'engrais humain. Aux environs de Paris, le poil de lapin rendu disponible en grandes quantités et à bas prix par diverses industries, est appliqué avec succès à la même culture.

En Bretagne et en Belgique, dans les pays de landes en voie de défrichement, les genêts et l'ajonc pilés grossièrement sont, faute d'autres engrais meilleurs, jetés dans les trous où l'on plante ; on en obtient ainsi des récoltes passables.

Plantation. — Les pommes de terre destinées à la plantation doivent être saines, de forme régulière, reproduisant exactement les caractères de la variété que l'on veut cultiver. Chaque œil détaché avec une portion du tubercule, peut servir à la multiplication des pommes de terre; mais l'expérience a démontré depuis longtemps que la plantation des tubercules entiers donne de meilleurs résultats.

Sans employer pour la plantation les plus grosses pommes de terre, qui doivent naturellement être réservées pour la consommation, on doit choisir des tubercules de moyenne grosseur, que l'on plante sans les diviser. S'il arrive que l'on soit forcé de diviser les pommes de terre destinées à la plantation, il faut couper les tubercules dans le sens de leur longeur, de manière que chaque morceau soit pourvu d'une portion de la couronne. On fait observer qu'à part le motif d'économie, il n'y a aucun avantage réel à planter de trop grosses pommes de terre ; les tubercules du volume moyen de leur variété, et les morceaux de gros tubercules donnent des produits plus abondants.

La pomme de terre peut être multipliée de bouture ; à cet effet, dès que les tubercules plantés ont émis un nombre suffisant de jeunes pousses, on coupe celles-ci au niveau du sol, et on les repique à la place qu'elles doivent occuper. Bien qu'il soit connu depuis longtemps, ce mode de multiplication est très-peu pratiqué, parce que les boutures de pommes de terre ne donnent jamais qu'une petite quantité de tubercules. On peut cependant tirer parti du bouturage, quand il s'agit de propager une variété rare ou nouvelle, dont on possède seulement quelques tubercules.

En Belgique, où les pommes de terre pour l'usage alimentaire ne sont jamais cuites avec leur peau, les

pelures de pommes de terre sont fréquemment uti-
lisées pour la plantation, dans la petite culture. Les
pommes de terre n'étant jamais rares ni chères dans
ce pays, on ne craint pas de les peler en enlevant
une partie de leur substance avec la peau. Au printemps, les yeux dont les pelures sont chargées se
développent en bourgeons entourés à leur base par
un paquet de racines rudimentaires. La plantation
des yeux en cet état, séparés avec le morceau de
pelure qui leur est adhérent, exige des précautions
impraticables dans la grande culture; mais, dans
la culture jardinière sur une petite surface, on en
obtient des récoltes égales à celles que donne la
plantation des tubercules entiers.

Au lieu de rentrer les pommes de terre qui doivent servir de semence, aussitôt après la récolte
selon l'usage ordinaire, on doit, dans l'intérêt de
leur conservation, les laisser sur le terrain jusqu'à
ce qu'elles aient pris une teinte verte très-prononcée. Arrivées à ce point, on les dépose dans un gre-
nier jusqu'à la fin d'octobre, époque à laquelle ceux
qui veulent des récoltes très-hâtives, doivent faire
entrer en végétation les pommes de terre destinées
aux premières plantations La variété cultivée aux

environs de Paris comme la plus précoce, est la pomme de terre Marjolin.

Le procédé le plus généralement employé pour préparer les pommes de terre de cette variété réservées pour servir de semence, consiste à mettre les tubercules dans des bourriches à huîtres, que l'on dépose dans une pièce de l'habitation garnie de tablettes étagées les unes au-dessus des autres, comme dans un fruitier. Moins il y a de tubercules dans chaque bourriche, mieux cela vaut ; pour bien faire, il faudrait même n'en mettre qu'une couche par bourriche. La caisse à claire-voie (voir page 16) en usage à Groslay, convient mieux que les bourriches, à la préparation des pommes de terre de semence, en ce sens qu'elles peuvent être placées les unes au-dessus des autres, ce qui simplifie considérablement les dispositions de la serre à pommes de terre.

Plantées avec tous les soins que nécessite la conservation des germes, ces pommes de terre produisent beaucoup plus tôt que celles qu'on plante sans qu'elles soient germées ; aussi, tous les cultivateurs qui approvisionnent nos marchés de pommes de terre hâtives préparent-ils maintenant leurs tubercules de semence comme nous venons de l'indiquer.

Caisse à claire-voie.

On se tromperait si l'on considérait ce procédé comme nouveau. Un article traduit du journal Américain *New-York Farmer and horticultural repository*, par M. le baron Hamelin et inséré dans le 5e volume des *Annales de la Société d'horticulture*, publié en 1829, prouve surabondamment le contraire; voici cette traduction :

« Placez durant l'hiver, vos pommes de terre dans un appartement chaud ; pendant le mois de février, tenez-les abritées par une couverture de laine ; plantez-les, à la fin de mars, avec le sommet de leurs pousses, à 2 pouces au-dessous de la surface de la terre. Si ces pousses, au moment de la plantation, ont 2 pouces de longueur, vos pommes de terre seront bonnes à manger vers la fin de mai. »

Le volume suivant du même ouvrage publié en 1830, contient un article de M. Viguié sur la plantation des pommes de terre. Il affirme qu'il connaît à Bagnolet un cultivateur qui fait germer ses pommes de terre hâtives avant de la planter, et qui, par ce moyen, obtient tous les ans des pommes de terre bonnes pour la vente, huit jours et même quinze jours avant ses voisins.

A partir de 1830, le procédé encore peu répandu de la germination préalable des pommes de terre précoces fit son chemin comme doivent le faire toutes les choses pratiques. Les cultivateurs de Montreuil, Puteaux, Chambourcy, Montesson, Montlhéry, Groslay, se mirent, les uns après les autres, à préparer leurs pommes de terre en les faisant germer, méthode que tous pratiquent aujourd'hui. Curieux de

savoir au juste depuis combien de temps les cultivateurs de ces différentes localités ont adopté l'usage
de planter au printemps des pommes de terre.
germées, nous avons à ce sujet interrogé plusieurs
de ces cultivateurs, tous nous ont répondu unifor-
mément qu'ils tenaient ce procédé de leur père.
Ces réponses font remonter cette innovation à un
demi-siècle, pour le moins.

Pour ne rien omettre de ce qui se rapporte à cette
intéressante question, nous ajouterons les détails sui-
vants. Dans le *Bulletin de la Société centrale d'Agriculture* (2ᵉ série, tome II, nᵒ I, 1846), M. Vilmorin
recommande, d'après sa propre expérience, remon-
tant à plusieurs années, de préparer les tubercules de
pommes de terre pour la plantation en les exposant à
l'air et à la lumière, afin de dévolopper la colora-
tion verte qui augmente la vitalité des germes et
concourt au succès de leur végétation. Dans le même
recueil, M. Lelieur, de Ville-sur-Arce, donne aussi le
conseil d'exposer les pommes de terre à l'air et à la
lumière, afin de retarder le développement des
pousses, pour que celles-ci demeurent courtes et
robustes. Il recommande de ne rentrer à la cave
les tubercules destinés à la plantation, que quand

la température extérieure oblige à les garantir contre les atteintes de la gelée.

Bien que ces documents d'une irrécusable authenticité ne puissent être démentis, M. Raphaël Gauthier n'en prétendit pas moins depuis avoir droit à la découverte de ce procédé, prétention d'autant plus inexplicable qu'il est impossible d'admettre que seul M. Raphaël Gauthier ait ignoré ce que tout le monde savait.

Les pommes de terre de seconde saison n'ont pas besoin d'être germées avant la plantation; on doit seulement les rentrer à la cave à l'approche des gelées; elles y sont déposées en tas qu'on change de place tous les huit jours. Pourvu que la cave soit saine et qu'il n'y règne pas de courant d'air, les pommes de terre s'y conservent en bon état jusqu'en février et mars, sans qu'il soit nécéssaire de les ébourgeonner, c'est-à-dire d'en supprimer les pousses étiolées. L'ébourgeonnement est toujours nuisible aux tubercules; après qu'ils ont été épuisés par la suppression des germes, ils ne donnent que des produits inférieurs à ceux qu'on en pouvait espérer. Quelques variétés, entre autres la Marjolin, quand leurs tubercules ont été ébourgeonnés avant la plantation, ne lèvent pas du tout et ne poussent pas de tiges.

Après avoir préparé le terrain par des labours soignés, on plante, aux environs de Paris, les pommes de terre précoces dans la première quinzaine de février. On ouvre à cet effet des trous de 20 à 25 centimètres de profondeur espacés entre eux de 30 centimètres dans un sens, et 60 dans l'autre, puis on plante une pomme de terre dans chaque trou. Ce mode de plantation en emploie en moyenne 25 litres par are. Dans la grande culture, les variétés agricoles sont souvent plantées à 50 centimètres dans un sens et un mètre dans l'autre. Lorsqu'on dispose d'une côtière au pied d'un mur à l'exposition du midi, on peut y récolter des pommes de terre quelques jours avant celles de même variété cultivées en plein carré.

Lorsque les pommes de terre sont bien levées, on leur donne un binage qui nivelle le terrain en achevant de combler les trous. Un peu plus tard, dès que les tiges ont atteint une hauteur suffisante, on les butte, opération qui consiste à relever la terre autour de chaque touffe.

Le buttage, recommandé par les uns, blâmé par

les autres, doit, pour produire de bons effets, être raisonné. Toutes les pommes de terre ne végètent pas de la même manière ; on comprend aisément que celles qui pénètrent profondément en terre, n'ont pas besoin d'être aussi fortement buttées que celles dont les tubercules se développent près de la surface du sol. A ces considérations tout élémentaires, nous ajouterons que dans les terres argileuses les pommes de terre ne doivent jamais être buttées aussi fortement que dans les terres siliceuses.

L'opération du buttage peut, on le voit, être favorable ou nuisible selon le mode de végétation propre à la variété cultivée, et selon la nature du terrain consacré à cette culture. A part les exceptions résultant de ces deux causes, le buttage a généralement pour but de favoriser le libre développement des tiges souterraines sur lesquelles naissent les tubercules, et de rendre ainsi la récolte des pommes de terre plus abondante. Mais tel n'est pas toujours le but principal de cette opération. Il y a des variétés de pommes de terre qu'il faut absolument butter, quand même, d'après la nature du terrain, la production des tubercules n'en devrait pas être augmentée ; ce sont celles qui forment leurs tubercules tout près de la surface du sol. Si l'on néglige de les butter fortement, les pommes de terre, sous l'influence de l'air et de la lumière, verdissent et deviennent impropres à la consommation, ce qui n'empêche pas toutefois de les conserver pour la plantation de l'année suivante, ou de les donner aux bestiaux. En tenant compte de ces données, on peut toujours savoir s'il convient ou non de butter plus ou moins les pommes de terre.

La profondeur indiquée de 20 à 25 centimètres, pour les trous où l'on plante les pommes de terre germées ou non, n'est point invariable; on plante en général plus profondément dans les terres légères siliceuses, et moins profondément dans les terres fortes argileuses, dont la pesanteur et la nature compacte opposent plus de résistance au développement des pousses et à leur sortie de terre. La pomme de terre Marjolin cultivée dans une terre légère, à une exposition méridionale, peut, sous le climat de Paris, donner des tubercules mangeables vers le 20 avril, sans qu'on ait besoin de recourir à la culture forcée; mais il faut avoir soin de couvrir la plantation avec des paillassons pour garantir les jeunes pousses contre les gelées tardives qui reviennent fréquemment après les premiers beaux jours sous le climat inconstant de la vallée de la Seine.

Si l'on ne peut planter les pommes de terre précoces au pied d'un mur à l'exposition du midi, il est facile et peu coûteux d'établir des lignes de paillassons maintenus par des piquets, dirigées de l'est à l'ouest, faisant face au midi. Au pied de ces espaliers temporaires, les pommes de terre hâtives donnent des tubercules mangeables d'aussi bonne heure que celles qu'on plante au pied d'un mur à la même exposition. Pour opérer plus en grand, on peut établir dans la direction de l'est à l'ouest des lignes d'abris désignés sous le nom de brise-vents, et composés des éléments les plus économiques dont on dispose, selon les ressources en ce genre que peut offrir chaque localité. Ce moyen puissant de produire sur des bandes de terre d'une faible largeur une température relativement douce en empêchant les vents glacés de dissiper la chaleur acquise par le sol pendant les heures où le soleil s'est montré, permet aux pommes de terre de croître à vue d'œil avec une rapidité extraordinaire ; celles qu'on a plantées en février donnent en avril des tubercules qui peuvent être livrés à la consommation.

3

A partir de la fin de février, on peut continuer à planter des pommes de terre jusqu'en mai, de semaine en semaine. On trouve dans le n° de février 1846 des *Annales de la Société d'horticulture*, la relation d'une expérience curieuse faite par M. Noblet, au sujet des plantations successives de pommes de terre. Le 20 janvier 1845, M. Noblet aîné planta sur couche des pommes de terre Marjolin qui lui donnèrent une abondante récolte de tubercules dans le courant de mars. Une partie de ces tubercules fut plantée en pleine terre à l'air libre le 15 avril ; les produits de cette seconde plantation furent récoltés dans le courant de juillet. M. Noblet fit, le 8 août, une troisième plantation avec les pommes de terre de sa seconde récolte ; le 7 janvier 1846, il en présentait les produits à la Société centrale d'horticulture ; il avait obtenu dans l'espace d'une année trois récoltes provenant des mêmes tubercules.

Les faits avancés par M. Noblet sont curieux et parfaitement exacts ; mais nous devons faire observer qu'un tel mode de culture de la pomme de terre ne saurait être sérieusement recommandé. En principe, il faut à chaque récolte laisser les tubercules achever de mûrir sur le terrain qui les a produits, avant de s'en servir pour une nouvelle plantation ; ou bien, ce qui vaut mieux encore, planter des tubercules réservés de la récolte de l'année précédente. En dépit des soins attentifs donnés à cette culture, on ne peut, d'une manière absolue, compter sous une troisième récolte obtenue dans le cours d'une même année.

Culture forcée. — Les maraîchers de Paris commencent vers le milieu de janvier la culture forcée des pommes de terre sur couche et sous châssis. On dresse à cet effet une couche de 40 centimètres d'épaisseur ; elle est entourée d'un réchaud de fumier neuf, puis chargée de 20 centimètres de bonne terre. On trace sur la terre de chaque coffre quatre lignes également espacées ; les pommes de terre y sont plantées à 30 centimètres les unes des autres. Les tiges ne tardent pas à atteindre les vitrages des châssis ; il faut alors, ou relever les coffres, où incliner les tiges en les fixant en terre, comme s'il s'agissait de les marcotter. Si l'on a fait choix d'une variété de pomme de terre hâtive parfaitement franche, les produits de la culture forcée peuvent être obtenus dès la première quinzaine de mars. Pendant la durée de leur végétation, les pommes de terre forcées, de même que toutes les plantes cultivées sur couche et sous châssis, ont besoin d'être abritées la nuit par une couverture de paillassons ; il faut leur donner de l'air en soulevant les châssis quand le soleil se montre pendant les heures les plus chaudes de la journée.

En attendant le moment où l'on pourra récolter les premières pommes de terre cultivées en pleine terre à l'air libre, on peut forcer sur couches une seconde saison de pommes de terre en opérant comme pour la première saison. Mais alors, comme la température extérieure est singulièrement adoucie, il n'est plus nécessaire de couvrir les coffres de châssis vitrés ; il suffit de garantir contre le froid les pommes de terre forcées, en les couvrant la nuit, ainsi que pendant les giboulées qui peuvent survenir le jour, avec des paillassons soutenus par des gaulettes fixées à des piquets enfoncés dans la couche. Le résultat est le même que si les couches avaient été recouvertes de châssis vitrés.

Culture hivernale des pommes de terre. — La plantation automnale des pommes de terre et leur culture hivernale ont été, à une certaine époque, recommandées comme le moyen le plus efficace de préserver des atteintes de la maladie d'abord les tubercules de semence, ensuite les récoltes entières. Plus tard, ce procédé a été partout abandonné, si ce n'est dans nos départements méridionaux où de tout temps l'automne a été considéré comme la saison la plus favorable pour planter les pommes de terre, parce que, d'une part, elles n'ont rien à redouter d'un hiver presque nul, et que, de l'autre, leurs tubercules ont plus de temps devant eux pour atteindre le volume normal de leur race, avant d'être arrêtés dans leur croissance par les longues sécheresses du climat méridional.

En Algérie les premières pommes de terre se plantent en août; elles sont bonnes à récolter vers la fin de décembre, ce qui permet aux cultivateurs de ce pays d'approvisionner les marchés de Paris de pommes de terre nouvelles. Dans ces conditions, mais dans ces conditions seulement, la culture hivernale présente de véritables avantages. Partout ailleurs il est prudent, pour ne pas éprouver de déceptions, de continuer à planter les pommes de terre au printemps, comme par le passé.

Récolte. — Quand les pommes de terre doivent être livrées immédiatement à la consommation, on peut les récolter aussitôt que les fanes commencent à jaunir ; c'est ce que l'on fait pour la plus grande partie des variétés très-précoces cultivées pour l'usage alimentaire. Si les pommes de terre doivent être conservées, il faut attendre pour les arracher que les fanes soient complétement sèches ; lorsqu'elles ont atteint ce degré de maturité, il ne faut pas trop retarder l'arrachage. Autrement, s'il survient des pluies, les pommes de terre nouvelles deviennent mères ; elles produisent de très-petits tubercules sans aucune valeur ; ce qui les détériore profondément au point de vue de la qualité.

Les pommes de terre ont cela de commun avec les fruits, qu'elles doivent être consommées dans l'ordre de leur maturité. C'est ainsi, par exemple, que la pomme de terre Marjolin, la meilleure de toutes pour la consommation, pendant l'été, perd énormément de sa qualité lorsqu'elle est conservée seulement jusqu'en automne. La pomme de terre Pousse-debout, au contraire, n'est réellement bonne que lorsqu'elle est mangée en hiver. Cette observation démontre la nécessité absolue de cultiver plusieurs variétés de pommes de terre, si l'on veut en manger de bonnes toute l'année.

A l'époque de l'arrachage, il arrive quelquefois que le tubercule-mère se retrouve en parfait état de conservation. Ce fait bien connu des cultivateurs est purement accidentel; il ne dépend pas de l'homme de le produire à volonté. M. Raphaël Gauthier a donc eu tort d'affirmer dans un des bulletins de la Société centrale d'Agriculture, que la conservation des tubercules-mères est due à un mode particulier de préparation des pommes de terre employées comme semence. Ce fait ne présente d'ailleurs aucun intérêt au point de vue économique; les tubercules-mères, par cela seul qu'ils ont produit des tiges et des tubercules, n'ont pas retenu la plus légère trace de fécule; ils ont par conséquent perdu toute leur valeur alimentaire ou industrielle.

Quand les pommes de terre destinées à la consommation sont arrachées, il faut bien se garder de les laisser exposées à l'air et à la lumière assez longtemps pour qu'elles contractent la couleur verte, car alors, ainsi que je l'ai fait observer plus haut, elles cessent d'être mangeables; on ne doit faire verdir de cette manière que la quantité de pommes de terre dont on aura besoin pour les plantations de l'année suivante.

Les pommes de terre les meilleures pour l'usage alimentaire sont celles dont les yeux sont le moins nombreux ; la raison en est évidente. Chaque œil est destiné à devenir un bourgeon dont les fibres ont toutes le centre de la pomme de terre pour point de départ.

Avant le développement des bourgeons, ces fibres sont peu apparentes ; elles existent néanmoins ; on les retrouve sous forme de filaments dans les pommes de terre cuites, et lorsque ces filaments sont nombreux, ils nuisent sensiblement à la qualité des tubercules.

Quelques personnes prétendent qu'on peut reconnaître la bonne qualité d'une pomme de terre par le procédé suivant : Coupez en deux morceaux un tubercule, rapprochez les deux surfaces coupées, frottez-les l'une contre l'autre ; si elles adhèrent fortement l'une à l'autre, la pomme de terre est de bonne qualité ; dans le cas contraire, elle n'est que de qualité inférieure.

Rendement. — On peut, dans les bonnes terres, obtenir, par are, quatre hectolitres, soit environ 300 kil. de pommes de terre ; ce rendement peut être considéré comme un maximum ; il ne s'applique

qu'aux variétés cultivées pour l'usage alimentaire ;
on obtient rarement plus de 3 hectolitres par are
dans la grande culture des mêmes variétés. Les pommes de terre agricoles destinées soit à la nourriture
du bétail, soit à l'extraction de la fécule ou à la préparation de l'alcool, donnent assez souvent un rendement en tubercules beaucoup plus élevé.

Semis. — On sème la graine de pommes de terre
soit sur couches, soit en pleine terre à l'air libre,
dans le courant du mois de mars ; les semis en pleine
terre se font en lignes, comme ceux de graines de ca-
rotte ou de betterave. En semant sur couches, on
obtient de bonne heure du plant qui doit être repiqué
en terre à 40 ou 50 centimètres, en tous sens. Un peu
plus tard, on donne aux jeunes plantes un léger buttage. Les tubercules récoltés en automne sont ordinairement très-petits, on les plante l'année suivante
dans les conditions ordinaires de la culture des pommes de terre ; c'est seulement à la seconde récolte
que leurs produits peuvent être jugés.

Les semis de graines de pommes de terre donnent
rarement des résultats importants au point de vue
du jardinage ; il y a pour cela une raison qui ne
doit point être perdue de vue. Le jardinier a rare-

ment lieu de cultiver les pommes de terre des variétés tardives, qui occupent trop longtemps le terrain, et qui d'ailleurs sont toujours fournies en abondance, à des prix modérés, par la grande culture ; les variétés les plus hâtives de pommes de terre sont pour ainsi dire les seules dont il ait intérêt à s'occuper. Or, les semis de graines de pomme de terre produisent ordinairement un grand nombre de variétés ; mais presque toutes sont tardives, ou tout au plus de seconde saison. C'est que les variétés véritablement hâtives fleurissent rarement, et quand elles fleurissent, elles ne donnent souvent que des fleurs avortées, auxquelles ne succèdent pas les baies renfermant les graines.

Que faudrait-il pour qu'il en fût autrement ? D'abord, ne pas s'en remettre au hasard qui, s'il produit des hybridations accidentelles, ne peut évidemment les produire qu'entre les variétés qui fleurissent exactement à la même époque ; ensuite, cultiver les variétés hâtives de manière à les contraindre à fleurir et à épanouir leurs fleurs précisément au moment où fleurissent les variétés dont on veut opérer le croisement. Enfin, il faudrait opérer à l'égard des pommes de terre, comme on opère avec toutes les

plantes d'ornement ou d'utilité, qu'on désire amé-
liorer ou modifier par le moyen de l'hybridation
artificielle; la pomme de terre ne s'y refuserait pas
plus que toutes les autres plantes dont les organes
reproducteurs sont suffisamment développés.

Comme pour toutes les plantes qu'on veut hybri-
der, il faut, pour féconder artificiellement les pommes de terre, isoler le porte-graines et supprimer la
plus grande partie des fleurs. On enlève ensuite les
étamines à mesure que la floraison a lieu, et comme
les anthères ne deviennent aptes à remplir leurs
fonctions qu'après l'épanouissement, on peut faire
cette opération dans le courant de la journée, et le
lendemain ou le surlendemain féconder le pistil
avec le pollen d'une autre variété.

Maladie des pommes de terre. — Les
effets de la maladie des pommes de terre sont suffisamment connus; quant à ses causes, les uns veulent
que les cultivateurs soient coupables d'avoir trop
demandé à cette plante; les autres veulent que la
cause de la maladie soit dans l'air. Selon toute pro-
babilité, ces derniers ont raison. C'est ce qui semble
résulter d'une note lue par M. Gaudichaud à l'Aca-

démie des sciences, dans sa séance du 9 mars
1846.

« Au commencement du mois d'octobre, dit
M. Gaudichaud, j'ai planté dans la terre où ils s'é-
taient d'abord développés, des tubercules malades.
Cette plantation a été faite dans une serre dont la
température a été constamment maintenue de 9 à 12
degrés centigrades. Ces tubercules enfouis dans le
sol à une profondeur de 8 centimètres environ, ont
mis six semaines à lever; leur végétation aérienne a
été fraîche et vigoureuse; les fanes ont atteint
jusqu'à la hauteur d'un mètre.

» J'ai arraché dernièrement ces plantes, et je me
suis assuré qu'elles portaient toutes un certain
nombre de tubercules nouveaux dont la plupart ont
la grosseur ordinaire d'un œuf de poule; qu'aucun
de ces tubercules n'a, ni à l'extérieur ni à l'intérieur,
la moindre tache, et qu'ils présentent au contraire
les caractères de la meilleure santé. »

Sans attacher à cette note une importance exa-
gérée, il est évident qu'elle paraît assez concluante
en faveur de l'origine aérienne de la maladie. Quant
au remède, un de ceux qu'on a le plus recomman-
dés, c'est de couper les fanes quand elles commen-

cent à jaunir. Mais cette opération arrête tout court le développement des tubercules ; ils restent tellement petits que la récolte en devient presque nulle. On ne peut retrancher les fanes, malades ou non, que quand les pommes de terre ont pris une certaine grosseur ; mais alors, elles sont le plus souvent déjà plus ou moins attaquées par la maladie.

Conservation. — Les procédés de conservation des pommes de terre ne réussissent pas toujours ; celles qu'on entasse par grandes provisions dans les cuves ou dans les silos, sont exposées à fermenter et à se corrompre, ou bien à émettre de nombreuses pousses étiolées, ce qui diminue leurs propriétés nutritives et les rend plus ou moins impropres à l'usage alimentaire. A Paris, beaucoup de revendeurs usent d'un procédé très-simple pour échapper à ce dernier inconvénient. Ils passent leurs pommes de terre au four quelques temps après que le pain en a été retiré, et ne les y laissent qu'un demi-quart d'heure. Cela suffit pour flétrir les pommes de terre dont la peau se ride, et pour faire périr leurs yeux qui ne peuvent plus se développer en bourgeons. En sortant du four, les pommes de terre sont portées dans une cave où elles ne tardent pas à reprendre dans l'atmosphère l'humidité qu'elles ont perdue, ce qui leur rend leur précédent aspect. Celui qui les achète en cet état n'est pas trompé s'il les destine à la cuisine; il l'est au contraire s'il se propose de les planter; car, les pommes de terre passées au four ne lèvent pas.

En Allemagne, on use assez fréquemment d'un autre procédé de conservation. Les pommes de terre sont coupées en tranches minces; on les trempe pendant 24 heures dans une eau aiguisée d'un millième de son volume d'acide sulfurique. Elles sont ensuite séchées à l'étuve, puis passent sous la meule qui les convertit en une farine très-blanche. Cette farine se conserve indéfiniment. En Angleterre, plusieurs procédés sont usités pour conserver les grandes provisions de pommes de terre destinées à la nourriture du bétail pendant l'hivernage. L'origine et les détails du meilleur de ces procédés, sont exposés dans l'article suivant du *Gardener's chronicle*. Un cultivateur écrit à ce journal :

« Découragé par l'inutilité de mes efforts pour triompher de la maladie, j'allais prendre le parti de renoncer tout à fait à la culture de la pomme de terre, lorsque la lecture d'une lettre insérée dans le

Times me rendit un peu d'espérance. On y recommandait de laver avec soin, aussitôt après l'arrachage, les pommes de terre saines ou très-légèrement endommagées. Il fallait ensuite les faire cuire immédiatement, soit dans l'eau, soit à la vapeur, les écraser et les saupoudrer de sel, couche par couche ; je résolus d'en faire l'essai. Dans ce but, je plantai 9 acres (4 hectares 32 ares) de pommes de terre des espèces employées à la nourriture des bestiaux. Les pommes de terre furent arrachées dès que les symptômes de la maladie commencèrent à se montrer sur les feuilles et sur les tiges ; les tubercules qui portaient les traces même les plus légères d'altération furent soigneusement éliminés. Tous les soirs, les pommes de terre arrachées pendant la journée étaient apportées dans la cour de la ferme ; là elles étaient brossées et lavées à plusieurs reprises. N'ayant pas d'appareil pour la cuisson à vapeur, je fis tout simplement cuire mes pommes de terre dans l'eau. Elles furent ensuite portées dans une grande caisse, et écrasées avec une masse de bois. Chaque lit successif de pommes de terre cuites écrasées, de 10 centimètres d'épaisseur, était largement saupoudré de sel. J'obtins, quand l'opération fut terminée, une masse de pommes de terre cuites réduites en pulpe, mesurant 3 mètres de longueur sur un mètre 50 de largeur, et deux mètres de hauteur. Toute cette masse était suffisamment salée pour résister à la putréfaction. Les chevaux de trait, les vaches laitières, les porcs et les oiseaux de basse-cour consommèrent cette provision de pommes de terre pendant l'hiver et le printemps. Tous ces animaux les acceptaient avec plaisir; elles les maintenaient en très-bon état. Le lait et le beurre ont été, sous l'influence de ce régime, de qualité tout à fait supérieure; le lard et les jambons de mes porcs étaient parfaits. Le même procédé, employé pendant plusieurs années, a toujours sauvé au moins les trois quarts de ma récolte de pommes de terre, qu'il m'eût été impossible de conserver autrement. »

Un autre mode de conservation, rapporté dans le journal de Saint-Étienne, paraît être employé avec succès dans le département de la Loire. Les pommes de terre coupées par tranches sont déposées dans des cuviers ou des tonneaux et recouvertes d'assez d'eau pour qu'elles y baignent complétement.

Au bout de quelques jours, l'eau se colore en rouge et contracte une mauvaise odeur; on la fait écouler, puis elle est remplacée par de nouvelle eau qu'on laisse écouler à son tour quand elle commence à se colorer et à sentir mauvais. Ordinairement, il n'est pas nécessaire de changer l'eau une seconde fois. Si l'on presse entre les doigts les tranches de pommes de terre et qu'elles s'écrasent facilement, la macération est jugée suffisante. Les pommes de terre sont alors égouttées, soumises à la presse dans des sacs de toile, puis séchées, soit au soleil, si la température extérieure le permet, soit dans un four modérément chauffé. On les porte alors au moulin pour les réduire en farine. Celle-ci, en raison de la peau des pommes de terre, n'est pas parfaitement blanche; néanmoins, elle est légère et facile à conserver indéfiniment, pourvu qu'on la préserve des atteintes de l'humidité. Cette farine peut être associée à celle de diverses céréales pour préparer un pain d'une saveur agréable et d'une digestion facile.

Ce mode de conservation des pommes de terre ne diffère du procédé allemand que par une macération plus prolongée, et l'absence de l'acide sulfurique. On fait observer qu'il s'applique avec le même succès aux pommes de terre atteintes par la gelée. Ces pommes de terre sont d'abord trempées dans l'eau

4

jusqu'à ce qu'elles soient dégelées; puis, on les traite comme on vient de l'indiquer; leur farine vaut celle des pommes de terre qui n'ont pas été gelées.

Consommation des pommes de terre. — Depuis qu'elle a commencé à être acceptée comme aliment pour l'homme en Europe, la pomme de terre n'a pas cessé de prendre une place de plus en plus large dans la nourriture habituelle de la partie civilisée du genre humain. Des nations entières, depuis le milieu du siècle dernier, vivent principalement de pommes de terre, comme les Français vivent de pain et les Orientaux de riz. De la table du pauvre, la pomme de terre est passée sur celle du riche; elle se prête si bien aux divers assaisonnements employés pour en varier le goût, que quelques traités de cuisine donnent jusqu'à 32 manières différentes d'accommoder les pommes de terre, soit au gras, soit au maigre. Les peuples du Nord, notamment les Belges, ne font jamais cuire leurs pommes de terre sans les peler; ce qu'ils en absorbent à chaque repas semble prodigieux à ceux qui n'ont pas l'habitude de ce genre de nourriture.

Les Anglais sont de tous les peuples celui qui ap-

orte le plus de soin dans la manière de faire cuire
es pommes de terre. Voici ce que dit à ce sujet un
ivre très-populaire dans toute la Grande-Bretagne,
The Cottager's calendar :

« Personne n'ignore qu'une bonne pomme de terre
mal cuite peut être détestable, et qu'une mauvaise
pomme de terre bien cuite peut être rendue très-
acceptable. En fait, il n'y a pas de légume dont la
saveur dépende plus que celle de la pomme de
terre du mode de préparation qu'on lui fait subir.
En premier lieu, la peau doit être enlevée avant la
cuisson; mais il ne faut pas peler la pomme de terre,
il faut la gratter seulement. Lorsqu'on pèle la
pomme de terre, non-seulement son volume est sensiblement diminué, mais, de plus, c'est la partie
la plus nourrissante de la pomme de terre qu'on en
retranche. Une marmite de fonte est préférable à
toute autre pour la cuisson des pommes de terre.
Après les avoir grattées et lavées, on les met sur le
feu avec seulement assez d'eau pour les recouvrir.
Dès que l'eau commence à bouillir, on jette sur les
pommes de terre la quantité de sel nécessaire, puis on
y verse une nouvelle quantité d'eau froide. Arrêtant
de cette façon l'ébullition des pommes de terre, elles

cuisent mieux et ne se délient pas. Dès qu'elles sont bien cuites dessus et dessous, ce qu'on vérifie à l'aide d'une fourchette, l'eau est décantée, puis on remet la marmite sur le feu pendant un moment, pour que les pommes de terre perdent une partie de l'eau dont elles sont pénétrées. Si elles ne doivent pas être servies immédiatement, on couvre la marmite, non pas avec son couvercle, mais avec un linge à travers lequel la vapeur d'eau rejetée par les pommes de terre puisse continuer à se dissiper. Les pommes de terre nouvelles, récoltées avant leur complète maturité, doivent surtout être cuites et accommodées avec beaucoup de soin ; sinon elles sont aqueuses et sans saveur. »

Ces conseils sont excellents, et plus d'une ménagère française en peut faire son profit.

Usages industriels de la pomme de terre. — La pomme de terre n'est pas seulement utile comme plante alimentaire à l'usage de l'homme et des animaux domestiques, elle tient un rang distingué parmi les plantes industrielles pour la fabrication de la fécule et celle de l'alcool. La féculerie a pris un grand développement en Europe depuis qu'on a reconnu que la fécule des pommes de terre malades

ne diffère ni en quantité ni en qualité de la fécule
des tubercules sains. Dans les années d'abondance
et de bas prix des pommes de terre, la distillation
offre un débouché très-large à ce produit, dont l'alcool distillé avec soin vaut celui qu'on retire des
grains. La distillerie de pomme de terre est souvent,
ainsi que la féculerie, une dépendance des grandes
exploitations rurales. Ces deux produits de la pomme
de terre étant l'un et l'autre d'une conservation facile, et n'ayant rien à perdre en vieillissant, le pro-
ducteur peut attendre les circonstances favorables
pour les vendre dans de bonnes conditions, ce qui
n'est pas toujours possible quant à la vente des
pommes de terre en nature.

Les fanes de la pomme de terre sont très riches
en potasse ; mais elles n'existent jamais en quantité
suffisante pour qu'il soit profitable d'en extraire ce
produit ; seulement, on commet une faute lorsqu'on
néglige, à l'époque de l'arrachage, de réunir au tas
de fumier toutes les fanes des pommes de terre, afin
que la potasse qu'elles contiennent retourne avec
les engrais au sol qui les a fait croître.

DESCRIPTION

DES

POMMES DE TERRE

TYPES ADOPTÉES PAR LA SOCIÉTÉ IMPÉRIALE ET CENTRALE

D'HORTICULTURE.

POMMES DE TERRE

JAUNES RONDES

Pomme de terre Naine hâtive.

Syn. : Fine hâtive (1).

Tige de 55 cent., simple ou très-peu rameuse, d'un vert jaune clair, anguleuse, pubescente, principalement au sommet. Feuille à 4, rarement 5 paires de folioles pubescentes sur les deux faces, d'un vert cendré supérieurement, plus pâle en dessous. Fleurs avortées.

---

(1) L'impossibilité de reconnaître le plus grand nombre des pommes de terre à la simple inspection des tubercules, nous ayant démontré la nécessité absolue d'avoir la description complète de

Tubercule très-peu déprimé, bossué, d'environ 6 cent., de diamètre ; peau jaune, gercée et parsemée, surtout au sommet, de nombreuses taches dartreuses ; yeux logés dans des cavités tantôt circulaires, tantôt ovaliformes ; chair jaune-serin, plus clair au centre ; cercle irrégulier et bien visiblement délimité ; jeunes pousses violacées. Maturité hâtive.

Pomme de terre Comice d'Amiens.

Tige de 70 à 75 cent., vert clair jaunâtre, pointillée de purpurin à la base, anguleuse. Feuille pubescente à 3-5 paires de folioles vert clair. Fleurs au nombre de 10-12, sur des pédoncules légèrement pubérulents ; calice hérissé, à segments maculés de purpurin, surtout à la base ; corolle blanc tournant au gris de lin. Tubercule arrondi, déprimé, assez régulier, long de 5-6 cent., large de 5 ; peau jaune terne, à peu près lisse à la base, mais pourvue de nombreuses taches verruculeuses au sommet ; yeux presque superficiels, ou peu enfoncés dans des dépressions en général arrondies ; crête non saillante ; chair jaune foncé, un peu plus clair au centre ; cercle irrégulier et bien apparent ; jeunes pousses blanchâtres, à écailles violacées. Maturité très-hâtive.

chacune des variétés recommandées dans cet ouvrage, nous avons eu recours à l'extrême obligeance de M. Verlot pour la rédaction de ce travail.

La rigoureuse exactitude des descriptions que l'honorable jardinier en chef de l'école de botanique du Muséum a bien voulu préparer pour nous, ne peut manquer d'intéresser nos lecteurs, qui pourront à l'aide de ces descriptions constater l'identité des variétés qu'ils cultivent.

Pomme de terre de Howorst.

Tige dressée, simple, d'un vert clair jaunâtre, atteignant 50 cent., anguleuse, à angles saillants et peu ondulés. Feuille grande, à 4-5 paires de folioles d'un vert clair, planes et à peine chagrinées. Fleurs grandes, au nombre de 8-10, d'un blanc lilas clair; calice pubescent, à segments aigus et colorés en violâtre, surtout vers la base. Tubercule assez régulier, un peu déprimé, d'environ 6 cent., de diamètre; peau jaune terne, gercée, surtout dans la moitié supérieure; yeux souvent superficiels, parfois enfoncés dans des dépressions presque circulaires, profondes de 1 à 1 millim. 1/2; crête très-saillante; chair jaune clair un peu blanchâtre, uniforme; cercle bien délimité par une ligne jaune plus foncé; jeunes pousses légèrement violacées. Maturité hâtive.

Pomme de terre Grise arrondie.

Tige de 45 cent. de hauteur, étalée puis dressée, pubescente, rougeâtre à la base, anguleuse, à angles ondulés et comme frisés. Feuille de 1 à 3, rarement à 4 paires de folioles pubescentes et non ondulées. Fleurs avortées. Tubercule assez régulièrement arrondi, un peu déprimé, d'environ 6 cent. de diamètre; peau jaune sale, plus terne à la base, qui est aussi moins gercée que la partie supérieure; yeux petits situés dans des dépressions presque circulaires de 1 à 1 millim. 1/2 de profondeur; crête très-peu saillante; chair blanc jaunâtre, uniforme; cercle bien délimité par une raie ponctuée plus intense; jeunes pousses légèrement violacées. Maturité hâtive.

Pomme de terre Œil violet.

Syn. : Blanchard.

Tige de 65 cent., simple, anguleuse, marbrée de violacé sur toute son étendue. Feuille vert jaunâtre, un peu plus pâle en dessous et légèrement pubescente sur les deux faces. Fleurs au nombre de 6-8, d'un violet bleuâtre clair; calice très-hérissé, comme les pédoncules, et lavé de violacé. Tubercule assez régulier, déprimé, l'environ 7 cent. de diamètre; peau jaune terne, rugueuse et fortement gercée, surtout au sommet; yeux tantôt presque superficiels, tantôt enfoncés dans des excavations en général ovaliformes et profondes de 2 à 3 millim.; crête très-saillante et se prolongeant au delà de la dépression; chair jaune-serin clair, un peu plus foncé au centre; cercle irrégulier et bien délimité; jeunes pousses violacées. Maturité moyenne.

Pomme de terre Irish Pink.

Syn. : à Œil rouge, Rognon rouge et jaune, la Virole.

Tige de 65 cent., dressée, d'un vert jaunâtre, anguleuse, à angles saillants et ondulés, comme frisés. Feuille grande, à 4-5 paires de folioles pubescentes, surtout sur la face inférieure. Fleurs moyennement grandes, au nombre de 6-8 sur des pédoncules un peu pubescents; calice à peine poilu, à segments striés de rougeâtre vers leur milieu; corolle violacé pâle, plus clair à l'extrémité des divisions. Tubercule à peu près régulier, de 6 à 7 cent. de diamètre; peau jaune lavée ou jaspée de violet rosé à la base et autour des yeux, un peu rugueuse, gercée, surtout au sommet, et se soulevant par petites parties tantôt longitudinales, tantôt arrondies ou ponctiformes; yeux parfois superficiels, le plus souvent situés dans des dépressions ovaliformes profondes de 1 à 3 millim. 1/2; crête bien saillante et se prolongeant au delà des dépressions; chair jaune de beurre, uniforme; cercle très-irrégulier et très-peu visiblement délimité; jeunes pousses rosées. Maturité moyenne.

Pomme de terre Dalmahoy.

Tige d'environ 60 cent., étalée puis dressée, simple ou rameuse, d'un vert jaunâtre et ordinairement lavée de purpurin, surtout vers la base, anguleuse, à angles très-saillants et ondulés. Feuille à 3-4 paires de folioles largement ovales-aiguës, pubescente et d'un vert pâle en dessus, plus clair en-dessous. Fleurs avortées. Tubercule déprimé, arrondi aux deux bouts, long de 7 cent. sur 6 de large, peu régulier; peau jaune sale, gercée, surtout au sommet; yeux situés dans des dépressions le plus souvent ovaliformes, de 1 à 3 millim. de profondeur; crête peu saillante; chair blanche tirant au jaune, à centre plus clair; cercle irrégulier et assez bien délimité; jeunes pousses violacées. Maturité moyenne.

Pomme de terre Schaw.

Syn. : Chave.

Tige de 55 à 60 cent., grêle, dressée, simple ou parfois rameuse au sommet, vert clair jaunâtre, anguleuse, à angles peu saillants et peu ondulés. Feuille étroite comparativement, à 4-5 paires de folioles étalées, pubescentes, d'un vert clair en dessus, plus pâle en des-

sous. Fleurs grandes, au nombre de 12 à 14, d'un blanc
lilas, portées sur des pédoncules de 8-10 cent., pubérulents ainsi que le calice dont les segments aigus
atteignent environ le tiers de la corolle. Tubercule un
peu plus long que large (environ 8 cent. sur 7); peau
jaune sale peu foncée, gercée, principalement au sommet; yeux situés dans des excavations en général ovaliformes, profondes de 1 1/2 à 4 et même 5 millim.;
chair jaune clair blanchâtre, plus pâle au centre; cercle
bien délimité; jeunes pousses blanches à extrémité violacée. Maturité moyenne.

Cette variété est cultivée en grand pour l'approvisionnement des marchés.

La pomme de terre Ségonzac ou de la Saint-Jean ne
diffère de la pomme de terre Schaw, que par quelques
jours de différence dans l'époque de la maturité. Comme
cette dernière elle est bonne et productive.

Pomme de terre des Elies.

Tige d'environ 80 centimètres, rameuse dès la base,
pubescente, ponctuée de purpurin. Feuille d'un vert
foncé et légèrement hispidule en dessus, plus pâle
en dessous, à folioles un peu ondulées, surtout celles
des feuilles supérieures. Fleurs avortées. Tubercule
assez régulièrement arrondi, déprimé, mesurant environ 9 cent. de diamètre (maximum de grosseur); peau
jaune sale lavée ou jaspée de rose violet, lisse ou légèrement gercée; yeux logés dans des excavations arrondies ou ovaliformes et profondes de 3 à 6 et quelquefois 8 millim.; crête très-saillante; chair jaune de
beurre uniforme; cercle irrégulier et très-peu visiblement délimité par une ligne jaune un peu plus foncée;
jeunes pousses violacées. Maturité tardive.

Pomme de terre Flour Ball.

Syn. : Boule de farine.

Tige simple, d'environ 50 cent., anguleuse, d'un vert pâle et pointillée de purpurin, surtout vers la base. Feuille à 3, 4 ou 5 paires de folioles d'un vert un peu foncé, planes ou à peine ondulées. Fleurs assez grandes, au nombre de 8-10, d'un blanc légèrement lilacé; calice pubescent, à segments aigus. Tubercule assez régulier, un peu déprimé, mesurant 7 cent. de diamètre; peau jaune sale, rugueuse ou fortement gercée; yeux enfoncés dans des dépressions peu profondes, rarement circulaires, le plus souvent ovaliformes; crête saillante et se prolongeant souvent au delà des dépressions; chair jaune-serin un peu plus clair au centre; cercle très-irrégulier et visiblement délimité; jeunes pousses violacées. Maturité tardive.

Pomme de terre des Cordilières.

(Semis Courtois-Gérard.)

Tige atteignant environ 60 cent. grêle, dressée, simple ou parfois rameuse, glabre et d'un vert clair jaunâtre. Feuille grande, à 4-5 paires de folioles planes, mollement pubescentes, d'un vert clair, plus pâle encore sur la face inférieure. Fleurs au nombre de 8-10, sur des pédoncules grêles et allongés; calice petit, à peine pubescent, à segments étroits et très-aigus; corolle petite, d'un blanc légèrement lilas. Tubercule assez régulièrement arrondi, un peu bosselé, dépassant 6 cent. de diamètre; peau jaune terne, gercée; yeux situés dans des excavations ovaliformes; crête très-saillante et se prolongeant bien au delà de l'œil; chair jaune d'œuf, un peu plus clair au centre; cercle irrégulier et bien apparent; jeunes pousses blanches à extrémité violette. Maturité tardive.

Cette variété est de très-bonne qualité

Comme tout le monde, nous avons perdu la véritable pomme de terre des Cordilières, seulement les graines de cette plante nous ont donné une variété beaucoup plus rustique que nous cultivons sous le même nom.

Pomme de terre Régent.

Tige de 55 cent., dressée, simple, parfois rameuse au sommet, d'un vert pâle, ponctuée de roussâtre vers la base, anguleuse, à angles très-saillants, ondulés et même crispés. Feuille à 3-4 paires de folioles pubescentes, d'un vert clair en dessus, plus pâle en dessous. Fleurs au nombre de 8-10, portées sur des pédoncules courts et très-pubescents; calice poilu, à segments étroits; corolle petite, d'un blanc gris de lin. Tubercule assez régulier, parfois bosselé, variant entre 6 et 7 cent. de diamètre; peau d'un jaune sale, gercée, rugueuse et verruqueuse, surtout dans la moitié supérieure; yeux logés dans des excavations circulaires ou ovaliformes, profondes de 1 à 4-5 millim.; chair blanc jaunâtre, plus clair au centre; cercle irrégulier et bien délimité par un raie inégalement ponctuée de teinte plus foncée; jeunes pousses blanc-violet. Maturité tardive.

Pomme de terre Lesèble.

Tige de 70 cent., robuste, simple ou rarement rameuse au sommet, d'un vert pâle, comme jaunâtre et ponctuée de purpurin, anguleuse, à angles saillants et parfois ondulés. Feuille grande, ovale dans son contour, souvent plus large que longue, à folioles larges, rudes, ondulées, d'un vert clair en dessus, plus pâle en dessous. Fleurs très-nombreuses (20 à 30) portées sur de longs pédoncules poilus-hispides et blanchâtres; calice pubescent, à divisions étroites, vertes et striées de purpurin; corolle d'un rose violet très-clair. Tubercule un peu déprimé et bosselé, d'environ 6 cent. de diamètre; peau jaune sale, devenant parfois un peu rosée, lisse ou très-peu gercée; yeux tantôt presque superficiels, tantôt situés dans des dépressions circulaires ou ovaliformes, profondes de 1/2 à 2 et même 3 millim. ; chair jaune-serin clair, uniforme; cercle irrégulier et bien apparent. Maturité très-tardive.

Cette variété paraît remplacer, sous tous les rapports, la pomme de terre tardive d'Irlande qu'on cultivait autrefois (1).

POMMES DE TERRE

JAUNES LONGUES.

Pomme de terre Marjolin.

Syn.: Kidney hâtive, Quarantaine.

Tige simple, de 45 à 50 cent., fortement anguleuse, presque glabre, d'un vert gai, légèrement lavée ou maculée de violacé à la base et souvent parsemée,

---

(1) On cultive dans la série des pommes de terre jaunes rondes une variété à fleur jaune, d'un effet très-ornemental.

ainsi que les pétioles, de stries vert foncé. Feuille à
3-4 paires de folioles d'un vert clair et munies supérieurement de quelques poils épars, courts et blanchâtres ; leur face inférieure est plus pubescente et d'un
vert clair. Fleurs avortées. Tubercule tantôt ovale arrondi
aux deux extrémités, tantôt ovale allongé, presque cylindrique, variant de 5 à 8 cent. de longueur sur 4 de
largeur ; peau lisse, jaune sale ; yeux parfois superficiels,
le plus souvent proéminents ; crête assez saillante et se
prolongeant bien au delà de la dépression : chair jaune
de beurre clair uniforme; cercle très-irrégulier et bien
apparent. Maturité très-hâtive.

Cette variété est de très-bonne qualité à la condition
toutefois d'être mangée peu de temps après la récolte.

Les pommes de terre Pro, Blanchard, Napoléon,
Handswor's prolific, Glaucestershire, Mona's pride, de
Grisy, Royal ashleaf Kidney, Erin's Queen, recommandées comme supérieures à la pomme de terre Marjolin,
ne peuvent à aucun titre remplacer cette variété.

Pomme de terre White Blossomed.

Syn. : à fleurs blanches.

Tige de 40 cent., grêle, dressée, simple, anguleuse,
lavée et pointillée de purpurin sur toute son étendue.
Feuille à 3-4 paires de folioles assez grandes, étalées
et d'un vert blond. Fleurs avortées. Tubercule légèrement
déprimé, arrondie aux deux bouts, l'intérieur plus petit,
long de 9 à 9 cent. 1/2, large de 5 à 5 1/2 ; peau jaune,
lisse ou à peine verruqueuse et parsemée de petits
points lenticulaires arrondis et de couleur plus terne ;
yeux souvent superficiels, quelquefois situés dans des
dépressions de 1 à 2 millim. de profondeur; crête
assez longue et très-saillante; chair jaune de beurre

uniforme; cercle très-irrégulier, parfaitement délimité
par une ligne jaune plus foncée; jeunes pousses blanchâ
tres ponctuées de violet, entièrement violacées à leur extrémité. Maturité très-hâtive.

Cette variété est de très-bonne qualité.

Pomme de terre à feuilles d'Ortie.

Tige de 80 cent., simple, parfois rameuse au somme,
pubescente, anguleuse, d'un vert clair légèrement jaunâtre. Feuille à 4-6 paires de folioles un peu rigides et
pubescentes sur la face supérieure. Fleurs au nombre
de 6-12 portées par des pédoncules pubescents et longs
de 8 à 12 cent.; calice poilu, à segments aigus, atteignant
à peine le tiers de la corolle, celle-ci est blanche et très-
peu velue en dehors. Tubercule oblong, déprimé, long
de 8 à 8 cent. 1/2, large de 6 ; peau jaune sale terne,
lisse, quelquefois très-peu gercée et parsemée au sommet, qui est arrondi, de points verruqueux ; yeux superficiels ; crête oblique ou transversale, dépassant la cavité
de l'œil ; chair jaune-serin clair, un peu plus foncé à
l'intérieur ; cercle irrégulier et bien apparent, jeunes
pousses blanchâtres. Maturité hâtive.

Cette variété est plus productive que la pomme de
terre Marjolin, qu'elle suit de très-près, comme préco-
cité.

Pomme de terre Lapstone Kidney.

Tige de 45 cent., roide, simple, parfois rameuse au
sommet, pubescente et anguleuse, vert clair, lavée ou
ponctuée de purpurin, surtout à la base. Feuille grande, à 3-4 paires de folioles planes et d'un vert foncé.
Fleurs au nombre de 10 à 14, sur des pédoncules assez

ongs, pubescents comme les pédicelles, qui sont lavés
de violâtre ; calice très-velu, coloré à la base; corolle
d'un blanc mat. Tubercule ovaliforme, déprimé, plus
large au sommet et arrondi aux deux bouts, long de 10-11
cent., large de 6-7; peau jaune sale, lisse, parsemée de
grandes taches verruqueuses arrondies et de petites
ponctuations de couleur plus terne; yeux superficiels ou
très-peu enfoncés ; crête très-saillante et se prolongeant
au delà de la cavité de l'œil; chair jaune clair blanchâtre, plus foncé au centre; cercle irrégulier et bien apparent ; jeunes pousses violâtres. Maturité moyenne.

Cette variété est de très-bonne qualité.

Pomme de terre d'Amérique.

Plante raide, velue-hispide, d'un vert sombre. Tige
de 50 cent., robuste, simple ou rameuse, dressée ou
ascendante, fortement lavée de violâtre. Feuille à 3-5
paires de folioles étroites comparativement, très-pubes-
centes, hispides, réticulées et peu espacées. Fleurs d'un
blanc un peu jaunâtre; pédoncules vaguement pubescents, vert jaunâtre et striés de purpurin, surtout au
sommet et sur les pédicelles; calice poilu, coloré à la
base et à segments verdâtres. Tubercule ovaliforme, déprimé, arrondi aux deux bouts, long de 8 cent., large de
5 1/2; peau jaune sale, lisse, parsemée de réticulations
plus claires et de ponctuations lenticulaires plus foncées; yeux peu visibles, le plus souvent proéminents ou
superficiels, rarement situés dans des petites dépressions arrondies , profondes d'environ 1 millim.; crête
très-saillante et se prolongeant bien au delà de la dépression; chair jaune blanchâtre uniforme ; cercle bien
délimité et très-irrégulier. Maturité moyenne.

5

Pomme de terre Hardy.

Tige de 55 cent., grêle, dressée, simple ou rameuse, pubescente et anguleuse, d'un vert blond. Feuilles à 4-5 paires de folioles d'un vert cendré et un peu rigides en dessus, mollement pubescentes en dessous. Fleurs au nombre de 6 à 12, sur des pédoncules verts et pubescents comme le calice ; corolle blanche. Tubercule ovaliforme, parfois conique-arrondi, à peu près régulier, arrondi aux deux bouts, long de 10 cent., large de 6, peau jaune sale terne, gercée et même rugueuse ; yeux parfois superficiels, le plus souvent logés dans des dépressions ovaliformes, de 1 à 2 millim. 1/2 de profondeur ; crête peu saillante et se prolongeant bien au delà de la dépression ; chair jaune de beurre foncé, plus clair au centre ; cercle très-irrégulier et bien visiblement délimité ; jeunes pousses rose-violet. Maturité moyenne.

Pomme de terre Myatt Prolific.

Tige de 40 cent., dressée, simple ou parfois rameuse, anguleuse, d'un vert clair jaunâtre et lavée de violacé, surtout à la base. Feuille grande, à 4-5 paires de folioles planes et d'un vert blond un peu foncé. Fleurs blanc légèrement violacé. Tubercule ovaliforme-allongé, assez régulier, plus large au sommet et arrondi aux deux bouts, long de 8 cent., large de 5 1/2 ; peau jaune sale, lisse, légèrement gercée dans la moitié supérieure et maculée vers la base de petites verrucosités ; yeux superficiels ; crête transversale, quelquefois un peu oblique et se prolongeant toujours bien au delà de l'œil ; chair jaune-serin clair, plus pâle au centre; cercle irrégulier et bien apparent; jeunes pousses blanchâtres, un peu violacées au sommet. Maturité moyenne.

Pomme de terre Marjolin, 2ᵉ saison.

Syn. : la Brie, Jaune longue de Hollande, de la Halle, la Seconde.

Tige de 60 cent., dressée, à peine pubescente, anguleuse, d'un vert blond, pointillée de purpurin, surtout vert la base. Feuille grande, à 4-5 paires de folioles larges et planes, d'un vert terne. Fleurs abondantes, au nombre d'environ 18 à 24; pédoncules grêles, allongés, un peu pubescents et jaune verdâtre; calice très-développé, poilu, verdâtre; corolle très-grande, rose lilas. Tubercule à peu près régulier, allongé, déprimé, arrondi aux deux extrémités, long de 9-10 cent., large de 6 à 6 1/2; peau jaune sale, gercée et parsemée de taches verruqueuses assez larges; yeux superficiels ou à peine enfoncés dans des dépressions ovaliformes; crête ordinairement oblique, saillante et se prolongeant au delà de la dépression; chair jaune clair blanchâtre, uniforme; cercle très-irrégulier et bien apparent; jeunes pousses blanc légèrement rosé. Maturité moyenne.

Cette variété est bonne et productive, elle est cultivée spécialement pour l'approvisionnement des marchés.

Pomme de terre Fluke Kidney.

Tige de 45 cent., simple ou rameuse, pubescente, fortement lavée de purpurin à la base et ponctuée ou striée de même couleur au sommet. Feuille à 3-4 paires de folioles ondulées, d'un vert un peu foncé, ve--

lues-hérissées en dessus. Fleurs d'un blanc à peine jaunâtre portées sur des pédoncules pubescents, d'un vert tirant sur le jaune et ponctués de purpurin; calice coloré, hispide, à divisions courtes. Tubercule régulier, ovaliforme, déprimé. arrondi aux deux bouts, long de 7-8 cent., large de 5 1/2: peau jaune sale. un peu gercée et parsemée de petites lenticelles verruqueuses arrondies; yeux superficiels ou très-peu enfoncés dans des dépressions ovaliformes et profondes d'environ 1 millim.; crête saillante, transversale ou oblique et se prolongeant bien au delà de l'œil; chair blanc jaunâtre, uniforme; cercle irrégulier et bien délimité : jeunes pousses violacées. Maturité tardive.

Cette variété est de très-bonne qualité.

Pomme de terre la Coquette.

Tige de 50 cent., dressée, simple, parfois rameuse au sommet, d'un vert jaunâtre, anguleuse, à angles assez saillants et un peu ondulés. Feuille étroite comparativement à sa longueur, à 3, 4 ou 5 paires de folioles d'un vert cendré foncé, plus clair en dessous. Fleurs au nombre de 6-10 sur des pédoncules grêles. de même couleur que la tige et presque glabres ; calice petit, vert jaunâtre, à peine pubérulent ; corolle blanc de crème. Tubercule à peu près ovale. un peu déprimé, arrondi aux deux bouts, long de 6 cent. 1/2 sur 5 de largeur; peau jaune, gercée et abondamment parsemée de petits points lenticulaires de teinte plus terne; yeux parfois superficiels ou même proéminents, le plus souvent enfoncés dans des cavités en général circulaires et profondes de 1 millim.; crête saillante, dépassant souvent la cavité de l'œil; chair jaune blanchâtre uniforme; cercle irrégulier et très-apparent. Maturité tardive.

Pomme de terre Vitelotte blanche.

Syn. : Vitelotte jaune, Pois de terre, Champion hâtif, de Bristol.

Tige de 55 cent., dressée, le plus souvent simple, pubescente et ponctuée de purpurin, anguleuse, à angles très-saillants et ondulés. Feuille très-pubescente, à 3-4 paires de folioles assez rapprochées les unes des autres, d'un vert clair, plus pâle en dessous. Fleurs avortées. Tubercule bosselé, aminci aux deux bouts, surtout à la base, mesurant environ 10 cent. de longueur sur 5 de largeur dans son plus grand diamètre : peau jaune sale clair légèrement gercée au sommet et parsemée, sur toute sa surface, de petites verrues allongées ou arrondies; yeux abondants, parfois presque superficiels, d'autrefois situés dans des dépressions ovaliformes, étroites; crête très-saillante et se prolongeant au delà de la cavité de l'œil; chair jaune clair un peu blanchâtre uniforme; cercle très-irrégulier et bien apparent. Maturité tardive.

Pomme de terre René Lottin.

Tige de 50 cent., un peu couchée, plus souvent dressée, presque toujours simple, parfois rameuse au sommet, d'un vert blond, anguleuse. Feuille à 3-4 paires de folioles, un peu ondulée et d'un vert terne. Fleurs assez grandes, d'un blanc jaunâtre, sur des pédoncules allongés et un peu poilus ; calice pubescent, à segments étroits et verdâtres. Tubercule cylindrique, aminci aux deux bouts, long de 10 à 11 cent., large de 5; peau jaune sale, gercée, un peu rugueuse dans sa moitié supérieure ; yeux abondants, parfois proéminents, le plus souvent logés dans des dépressions profondes de 1 à 1 millim. 1/2 ; crête saillante et dépassant de beaucoup la cavité de l'œil ; chair jaune clair blanchâtre uniforme ; cercle bien apparent et irrégulier ; jeunes pousses blanc verdâtre. Maturité tardive.

Pomme de terre Jaune longue de Hollande.

Syn. : Cornichon jaune, Parmentière.

Tige de 50 à 60 cent., couchée, rameuse, vert clair, un peu teintée d'olivâtre à la partie inférieure, fortement anguleuse, à angles ondulés, surtout vers la base. Feuille petite comparativement, hérissée, hispide, et comme rugueuse, d'un vert très-foncé en dessus. Pédoncule de 10 à 12 cent., poilu-hérissé comme les pédicelles et le calice. Fleurs peu nombreuses ; corolle petite, lilas clair lavé de blanc, surtout à l'extrémité des lobes. Tubercule allongé, tantôt à peu près cylindrique, tantôt déprimé et dans les deux cas un peu bosselé, long de 10 à 12 cent. et plus, large de plus de 5 ; peau lisse et parsemée de poils lenticulaires jaune-abricot ; yeux superficiels ou proéminents, très-rarement enfoncés dans des dépressions en général ovaliformes et profondes de 1/2 millimètre ; chair jaune de beurre, plus foncé au centre ; cercle irrégulier et visiblement délimité ; jeunes pousses blanchâtres. Maturité tardive.

POMMES DE TERRE

ROUGES RONDES.

Pomme de terre Truffe d'août.

Syn. : Madeleine rouge, Rouge ronde d'été, Rouge ronde hâtive.

Tige de 45 à 50 cent., grêle, simple et ordinairement
dressée, d'un vert un peu olivâtre, à peine anguleuse.
Feuille à 3-4 paires de folioles hispides, ondulées et
réticulées. Fleurs au nombre de 3 à 6 sur des pédoncules pubescents : calice poilu un peu verdâtre, à divisions très-petites: corolle blanc jaunâtre. Tubercule
arrondi, déprimé, assez irrégulier, long de 6 à 7 cent.,
large de 6; peau rouge rose terne, à peu près lisse
ou très-légèrement parsemée de points ou de stries verruqueux, surtout au sommet: yeux parfois superficiels,
le plus souvent logés dans des dépressions en général
arrondies, parfois ovaliformes, profondes de 1/2 à 1 millim. 1/2.; cercle visible et se prolongeant au delà de
l'œil: chair jaune-serin, uniforme, finement liséré de
violet rose sous la peau: cercle irrégulier et parfaitement délimité par une raie violacée. Jeunes pousses
rose-violet. Maturité très-hâtive.

Pomme de terre Printanière.

Tige de 60 cent., le plus souvent étalée, puis dressée, simple ou rameuse, d'un vert clair et à peine
anguleuse, très-légèrement teintée de violacé à la base.

Feuille ample, à 4-5 paires de folioles larges et étalées. Fleurs de moyenne grandeur, au nombre de 4-8 à 12, sur des pédoncules pubescents, incolores ainsi que les pédicelles; calice vert, à peine lavé de purpurin, à divisions assez petites; corolle d'un blanc à peine lutescent. Tubercule arrondi, à peu près régulier, un peu déprimé, d'environ 4-6 cent. de diamètre; peau rouge violet terne, un peu rugueuse; yeux parfois superficiels, le plus souvent situés dans des dépressions plutôt arrondies qu'ovaliformes et profondes de 1/2 à 2 millim. 1/2; chair blanc jaunâtre uniforme, finement liséré de violet sous la peau; cercle très-apparent et irrégulier; jeunes pousses rouge violet, plus clair au sommet. Maturité hâtive.

Pomme de terre de Saint Louis.

Tige de 65 cent., simple ou rameuse, dressée, ou étalée-dressée, d'un vert un peu olivâtre et légèrement anguleuse. Feuille assez grande, à folioles pubescentes et hispides en dessus, mollement velues en dessous; pétioles souvent un peu lavés de purpurin à la base. Fleurs grandes, rose clair légèrement violacé, à lobes aigus et étalés; pédoncules et pédicelles incolores, à peine pubérulents; calice poilu, un peu coloré, à segments petits. Tubercule plus long que large (environ 8 cent. sur 7), un peu déprimé, arrondi aux deux bouts; peau rouge violacé, très-rugueuse; yeux parfois presque superficiels, plus souvent enfoncés dans des dépressions ovaliformes de 1 à 3 millim. de profondeur; crête bien saillante; chair jaune-serin uniforme, liséré de rouge violet sous la peau; cercle irrégulier. Maturité hâtive.

Pomme de terre Claire bonne.

Tige de 45 cent., dressée, rarement rameuse, très-feuillée et anguleuse. Feuille à 3-4 paires de folioles très-rapprochées, roides, ondulées, comme bullées, d'un vert intense en dessus, plus pâle en dessous. Fleurs au nombre de 6-10, sur des pédoncules moyennement longs, un peu poilus et presque incolores ainsi que les pédicelles; calice pubescent, verdâtre lavé de purpurin; corolle peu grande, blanche. Tubercule arrondi, irrégulier, d'environ 6 cent. de diamètre; peau rouge rosé terne, rugueuse; yeux situés dans des dépressions ovaliformes ou arrondies et profondes de 2 à 3 et même 4 millim.; crête bien distincte; chair jaune clair blanchâtre généralement uniforme, liséré de rougeâtre sous la peau; cercle très-irrégulier; jeunes pousses rouge rosé, plus pâles au sommet. Maturité hâtive.

Pomme de terre Pola.

Tige de 60 cent., robuste, dressée, simple ou rameuse, violacée et anguleuse, à angles ondulés. Feuille vert sombre, hispide, à 3-4, rarement 5 paires de folioles. Fleurs assez grandes, blanc à peine lavé de lilas, au nombre de 10 à 18, sur des pédoncules qui, comme les pédicelles et le calice, sont poilus et colorés. Tubercule arrondi ou arrondi-déprimé, irrégulier, d'environ 6 cent. de diamètre; peau rouge rose terne, parsemée de petites taches lenticulaires d'un gris terne qui la rendent très-légèrement rugueuse; yeux superficiels ou logés dans des dépressions tantôt arrondies, tantôt ovaliformes de 1 à 2 millim. de profondeur; crête saillante, surtout aux yeux superficiels; chair blanc jaunâtre uniforme, finement liséré de rose sous la peau; cercle irrégulier. Maturité moyenne.

Pomme de terre de Poméranie.

Tige de 75 à 80 cent., décombante, puis dressée, rameuse dès la base, vert clair lavé de violâtre, surtout au sommet. Feuille peu développée, ordinairement à 3 paires de folioles d'un vert assez intense. Fleurs au nombre de 8 à 12, sur des pédoncules courts; calice à divisions étroites, vertes et un peu poilues; corolle moyennement grande, d'un rose pâle. Tubercule ovale, arrondi aux deux bouts et déprimé, assez régulier, long d'environ 5 cent., large de 6 à 7; peau verruculeuse, jaune terne très-faiblement violacée; yeux presque superficiels ou très-peu enfoncés, surtout à la base, ceux du sommet plus profonds; crête assez saillante et se prolongeant bien au delà de la dépression de l'œil; chair blanchâtre, sans cercle interne apparent et très-finement liséré de violâtre; jeunes pousses jaune violacé. Maturité moyenne.

Cette variété est de très-bonne qualité.

Pomme de terre Bienfaiteur.

Syn. : Lawery; Rosa venusta.

Tige de 60 cent., grêle, le plus souvent dressée, simple ou ramifiée, anguleuse, d'un vert clair teinté de vert grisâtre. Feuille à 3-4, rarement 5 paires de folioles. Fleurs assez grandes, blanc légèrement rosé, au nombre de 8 à 12, sur des pédoncules allongés, poilus, incolores; pédicelles pubescents, légèrement colorés de

urpurin; calice pubescent vert et lavé de purpurin.
ubercule arrondi conique, ou arrondi allongé, dé-
rimé, d'environ 6-7 cent. de diamètre; peau rouge-
iolet terne, jaspée de jaune et parsemée de points
ntienlaires verruqueux de couleur terne; yeux situés
ans des dépressions ovaliformes d'environ 1 à 2 millim.
e profondeur; crête bien saillante et se prolongeant
u delà de la dépression; chair jaune de beurre, plus
oncée au centre et lisérée de violet rosé sous la peau:
ercle très irrégulier. Maturité moyenne.

Pomme de terre Rouge ronde de Montreuil.

(Semis Courtois-Gérard.)

Tige de 60 cent., grêle, élancée, presque toujours
imple, vert olivâtre, pubescente au sommet, un peu
nguleuse. Feuille étroite, à 3-4 paires de folioles pu-
escentes et d'un vert cendré. Fleurs au nombre de 8 à 12,
ur des pédoncules qui sont pubescents ainsi que les
édicelles et colorés en purpurin; calice poilu et coloré,
divisions très-courtes; corolle grande, d'un rose violet
rès-clair. Tubercule arrondi, un peu déprimé, long de
cent., large de 6; peau rouge rosé, un peu terne, lisse;
eux superficiels; crête bien saillante et se prolongeant
u delà de l'œil; les yeux du sommet sont logés dans
es dépressions à peu près arrondies et profondes de 1
millim. à 1 1/2; chair jaune blanchâtre, uniforme, finement liséré de rose sous la peau: jeunes pousses rose
iolet. Maturité tardive.

Pomme de terre de Strasbourg.

Tige de 65 cent., dressée, très-robuste, simple ou rameuse, violacée jusqu'en haut, anguleuse, à angles
ndulés. Feuille large, d'un vert blanchâtre et pubes-

centes, à 3-4 paires de folioles en général peu espacées;
pétioles et pétiolules un peu colorés. Fleurs au nombre
de 12 à 16, sur des pédoncules très-longs, pubescents
et pointillés de purpurin, ainsi que les pédicelles; calice
à divisions longues et étroites; corolle grande, rose violet clair. Tubercule assez régulièrement arrondi, d'environ 5-6 cent. de diamètre; peau rouge rosé, parsemée
de stries verruqueuses qui la rendent presque rugueuse;
yeux rarement superficiels, presque toujours placés dans
des excavations ovaliformes de 1 à 3 millim. de profondeur; crête bien saillante; chair jaune clair blanchâtre
uniforme, liséré de rouge-violet sous la peau; cercle
irrégulier. Maturité tardive.

Pomme de terre Forty fold.

Syn. : Quarante pour un, à OEil bleu.

Tige de 55 à 60 cent., très-robuste, décombante,
souvent dressée, très-florifère, simple ou rameuse, pubescente, anguleuse, lavée ou ponctuée de violâtre,
surtout à la base. Feuille grande, à 4-5 paires de folioles
d'un vert clair, un peu pubescentes en dessous. Fleurs
au nombre de 12 à 15, sur de très-longs pédoncules
pubescents et légèrement teintés de violet; calice poilu
et très-coloré, surtout à la base; corolle grande, violet
lilas. Tubercule arrondi, irrégulier, bosselé ou mamelonné, d'environ 7 cent. de diamètre; peau rouge violet, jaspée de jaune; yeux situés dans des excavations
ovaliformes, de 2 à 5-6 millim. de profondeur; crête
assez saillante; chair blanc jaunâtre, uniforme, liséré
de violacé sous la peau; cercle non apparent. Maturité tardive.

Pomme de terre Toute bonne.

Tige de 65 cent., robuste, un peu décombante, puis dressée, rameuse, d'un vert clair, anguleuse, à angles ondulés. Feuille grande, étroite comparativement, à 4-5 paires de folioles assez rapprochées et un peu pubescentes-hispides en dessus. Fleurs au nombre de 10 à 15 disposées en cyme arrondie sur des pédoncules assez longs, incolores et pubérulents; calice verdâtre, poilu, à segments étroits; corolle blanc très-légèrement jaunâtre. Tubercule arrondi, déprimé, assez régulier, de 6 à 7 cent. de diamètre; peau rouge rose terne, rugueuse au sommet; yeux placés dans des dépressions ovaliformes et profondes de 1/2 à 3-4 millim.; crête bien saillante; chair blanc jaunâtre uniforme, finement liséré de violacé sous la peau; cercle apparent. Maturité moyenne.

Pomme de terre White Pink.

Syn. : Rouge et Blanche.

Tige de 60 cent., simple et ordinairement dressée, à peine anguleuse, d'un vert un peu olivâtre. Feuille velue-hispide, à 3-4 paires de folioles ondulées, très-réticulées. Fleurs avortées. Tubercule arrondi, régulier, de 6 à 7 cent. de diamètre; peau rouge violet, plus intense vers les yeux, rugueuse et gercée; yeux de la base logés dans des dépressions ovaliformes, à crête bien saillante, et ceux du sommet le sont dans des excavations arrondies: dans les deux cas elles sont profondes de 1 à 3-4 millim.; chair jaune clair blanchâtre uniforme, finement liséré de rouge violet sous la peau; cercle irrégulier. Maturité tardive.

POMMES DE TERRE

ROUGES LONGUES.

Pomme de terre rose Martin.

Syn.: de Sainte-Marie.

Tige de 60 à 70 cent., le plus souvent rameuse, étalée, puis dressée, pubescente et anguleuse, vert clair légèrement olivâtre, surtout à la base. Feuille étroite, à 3-5 paires de folioles rapprochées, pubescentes et d'un vert cendré. Fleurs au nombre de 5 à 10, sur des pédoncules assez courts, poilus ainsi que les pédicelles; calice très-pubescent, vert intense, à divisions très-étroites; corolle petite, blanc jaunâtre. Tubercule allongé, presque cylindrique, arrondi aux deux bouts, un peu plus étroit à la base, long de 9-10 cent., sur 6 à 6 1/2 de largeur; peau rouge rose terne, gercée et un peu rugueuse; yeux enfoncés dans des dépressions ovaliformes, profondes de 1/2 à 1-2 millim.; crête très-saillante et se prolongeant bien au delà de la dépression; chair jaune terne, à centre plus foncé et liséré de rouge rosé sous la peau; cercle bien apparent et très-régulier; jeunes pousses violet rosé, blanches au sommet. Maturité hâtive.

Pomme de terre Pale Red.

Syn. : Rouge pâle, Rosée de Conflans, Rosée de Villers-Lebel.
Rosace de la halle.

Tige d'environ 35 cent., simple, dressée, pubescente, très-peu anguleuse et d'un vert clair olivâtre. Feuille à peine pubescentes à 3-4 paires de folioles rapprochées et d'un vert terne. Fleurs au nombre de 5 à 10 sur des pédoncules grêles, pubescents et comme les pédicelles à peu près incolores; calice pubescent, vert clair jaunâtre, plus foncé à la base; corolle grande, d'un blanc à peine lutescent. Tubercule allongé, cylindrique. arrondi aux deux extrémités, plus étroit à la base, long de 8-7 cent. sur 4-5 de largeur au sommet et de 3 1/2 à 4 à la base; peau rouge violet terne, lisse, un peu gercée au sommet; yeux peu apparents, superficiels. parfois situés dans des dépressions ovaliformes de 1/2 à 1 millim. de profondeur; crête assez apparente; chair jaune de beurre clair uniforme, liséré de rougeâtre sous la peau; cercle irrégulier et bien délimité par une teinte plus foncée. Maturité moyenne.

Cette variété est de très-bonne qualité.

Pomme de terre Kidney rouge.

Tige de 60 cent., assez robuste, dressée ou inclinée, simple ou rameuse, pubescente, un peu anguleuse et fortement lavée de purpurin. Feuille pubescente, d'un vert gris cendré, à 4-5 paires de folioles assez rapprochées. Fleurs rares (de 3 à 6), rarement plus; pédoncule, pédicelles et calice velus-hérissés et très-légèrement teintés de purpurin; corolle blanche, maculée de violet lilas clair. Tubercule ovaliforme, déprimé-arrondi aux deux extrémités dont l'inférieure est plus étroite, assez régulier, long de 10 cent., large de 6; peau rouge violet foncé, parsemée, sur toute sa surface, de striés réticulées plus ternes; yeux peu nombreux, tantôt superficiels ou même proéminents, tantôt enfoncés dans des petites dépressions ovaliformes; crête bien apparente, surtout aux yeux proéminents: jeunes pousses violet noir; chair jaune-serin, plus foncé au centre, qui est bien délimité, et liséré de violet sous la peau; cercle irrégulier. Maturité moyenne.

Cette variété est de très-bonne qualité.

Pomme de terre Kidney rose.

Tige de 55 cent., très-rameuse, dressée ou inclinée, de couleur olivâtre clair, fortement anguleuse. Feuille un peu pubescente, à 4-5 paires de folioles en général étroites et à bords roulés en dedans. Fleurs au nombre de 8-16, sur des pédoncules très-pubescents et lavés de purpurin ainsi que les pédicelles et le calice; corolle grande, d'un rose violacé. Tubercule allongé, à peu près cylindrique, régulier, un peu plus étroit à la base et arrondi aux deux bouts; peau lisse ou très-peu gercée, d'un rouge rosé clair; yeux superficiels; crête bien saillante; chair jaune de beurre uniforme, liséré de violet clair sous la peau; cercle bien apparent et irrégulier. Maturité moyenne.

Pomme de terre de Vigny.

Tige de 60 cent., assez robuste, étalée, puis dressée. rameuse, pubescente, vert jaunâtre clair lavé de purpurin, anguleuse. Feuille petite, à 3-4 paires de folioles très-rapprochées, pubescentes et même un peu rigides.

Fleurs au nombre de 6-12, sur des pédoncules peu allongés, incolores et pubescents, comme les pédicelles et le calice; corolle blanc jaunâtre. Tubercule allongé, à peu près cylindrique et assez régulier, un peu déprimé, aminci aux deux bouts, long de 12 cent. (maximum de grosseur) sur 6 dans sa plus grande largeur; peau rouge violet terne, lisse ou à peu près; yeux superficiels, le plus souvent proéminents; crête apparente et se prolongeant bien au delà de l'œil; chair blanc jaunâtre, plus foncé au centre, et finement liséré de rose violet sous la peau; cercle irrégulier et bien délimité; jeunes pousses blanchâtres violettes à la base ainsi que sur les écailes. Maturité moyenne.

Pomme de terre Xavier.

Tige de 70 cent., grêle, rameuse, étalée, puis dressée, pubescente, surtout au sommet, d'un vert clair teinté et lavé de purpurin. Feuille pubescente, vert cendré, à 4-5 paires de folioles très-rapprochées. Fleurs au nombre de 5 à 10; pédoncule, pédicelles et calice incolores, mais très-poilus; corolle petite, blanc lutescent. Tubercule ovaliforme, déprimé, long de 8-9 cent., large de 6; peau rouge rose terne, gercée, surtout au sommet; yeux superficiels, très-peu apparents; crête peu prononcée; chair jaune-serin clair, plus foncée au centre et liséré de rose rougeâtre sous la peau; cercle très-peu régulier. Maturité moyenne.

Cette variété est de très-bonne qualité.

Pomme de terre Briffaut.

Tige de 80 cent., grêle, dressée, puis étalée, rameuse, un peu anguleuse et pubescente, vert clair

6

jaunâtre et lavée de purpurin, surtout à la base. Feuille
d'un vert gai, comparativement étroite, à 3-4 paires de
folioles. Fleur au nombre de 8-12 ; pédoncule et pédicelles incolores et poilus ; calice poilu, légèrement co
loré de purpurin ; corolle moyenne, blanc jaunâtre.
Tubercule assez régulier, allongé, déprimé, arrondi aux
deux bouts, mais l'inférieur plus étroit, long de 12 cent
sur 5-6 à 6 1/2 de largeur ; peau rouge rose terne, gercée.
surtout au sommet ; yeux généralement superficiels,
parfois enfoncés dans des dépressions ovaliformes de
1/2 à 2-3 millim. de profondeur ; chair jaune serin
clair, un peu plus foncé au centre et liséré de violacé
sous la peau ; cercle parfaitement délimité et assez régulier. Maturité tardive.

Cette variété est de très-bonne qualité.

Pomme de terre Vitelotte.

Tige de 60 cent., dressée, grêle, simple, parfois rameuse, presque glabre, d'un vert jaunâtre un peu olivâtre. Feuille petite comparativement, à 3-4 paires de
folioles très-rapprochées, d'un vert clair. Fleurs habi-
tuellement au nombre de 10, sur des pédoncules poilus
et très-finement ponctués de purpurin, ainsi que les
pédicelles ; calice à tube également ponctué de purpurin, à segments verdâtres et allongés ; corolle d'un
blanc de crème. Tubercule cylindrique, bosselé, un
peu aminci aux deux bouts, long de 8 cent., large de
3 1/2 à 4 ; peau rouge rosé, un peu violacé, parsemée
de petits points verruqueux de teinte plus terne ; yeux
très-abondants, situés dans des dépressions étroites,
d'environ 1/2 à 1 millim. 1/2 de profondeur ; crête
bien saillante ; chair jaune blanchâtre uniforme, liséré
de rouge violacé sous la peau ; cercle bien saillant et très-
irrégulier ; jeunes pousses rose-violet. Maturité tardive.

Pomme de terre Kidney d'Albany.

Tige de 35 cent., grêle, simple ou peu rameuse, dressée, pubescente, anguleuse et lavée de purpurin. Feuille d'un vert gai, à 3-4 paires de folioles rapprochées et pubescentes. Fleurs au nombre de 6-10, sur des pédoncules assez longs, un peu pubescents et colorés de purpurin, ainsi que le pédicelles ; calice poilu, à tube lavé de purpurin; corolle grande, blanc à peine jaunâtre. Tubercule allongé, à peu près cylindrique et régulier, arrondi aux deux bouts, qui sont tantôt de même grosseur, tantôt de grosseur différente l'inférieur plus petit, long de 10-12 cent. sur 4-5 de largeur; peau rouge rosé, parsemée de ponctuations ou de stries verruqueuses plus ternes; yeux superficiels, exceptionnellement proéminents; à crête bien saillante ; chair jaune clair, plus foncée au centre et liséré rouge rosé sous la peau ; cercle très-apparent et peu régulier. Cette variété a quelques rapports avec la pomme de terre vitelotte, par la forme de ses tubercules.

Pomme de terre Poussé debout.

Syn. · Cueilleuse, Rouge longue de Hollande de la halle, Saint-André de Suède.

Tige de 40 cent., robuste, simple ou parfois rameuse, pubescente et fortement anguleuse, à angles ondulés, d'un vert clair jaunâtre et lavé de purpurin. Feuille très-allongée, à 5 et même 6 paires de folioles pubescentes, d'un vert clair cendré en dessus, plus pâle en dessous. Fleurs au nombre de 5 à 10 : pédoncules et pédicelles poilus, presque incolores ; calice hérissé, à divisions allongées ; corolle grande, d'un blanc jaunâtre. Tubercule assez régulier, allongé, aminci aux deux bouts, tantôt à peu près cylindrique, tantôt plus ou moins déprimé, long d'environ 9 cent., large de 5 ; peau rouge rosé, lisse et parsemée de taches arrondies de teinte terne ; yeux tantôt presque superficiels ou enfoncés dans des dépressions ovales-allongées d'environ 1 à 1/2 millim. de profondeur, tantôt proéminents ; crête très-saillante, surtout dans le dernier cas ; chair jaune de beurre très-clair uniforme liséré de rouge violet sous la peau ; cercle irrégulier et bien délimité. Maturité tardive.

Cette variété remplace sur les marchés de Paris, la pomme de terre rouge longue de Hollande que les cultivateurs ont abandonnée, par suite de l'insuffisance de son rendement.

Pomme de terre Rouge longue de Hollande.

Syn. : Cornichon rouge.

Tige de 35 cent., simple, dressée, pubescente, vert clair très-légèrement olivâtre. Feuilles à 3-4 paires de folioles assez rapprochées, un peu pubescentes et même rigides supérieurement. Fleurs au nombre de 8 à 14, sur des pédoncules poilus et incolores comme les pédicelles ; calice vert foncé au tube, plus clair aux divisions, qui sont très-allongées ; corolle très-grande, d'un blanc légèrement jaunâtre, à divisions ondulées. Tubercule à peu près cylindrique, un peu irrégulier, plus étroit à la base, arrondi au sommet ; long de 10 cent., large de 4-5 ; peau rouge-rose, lisse ou à peu près, par-

semée de stries ou de points de teinte sale; yeux superficiels ou très-peu enfoncés dans des dépressions arrondies ou ovaliformes; crête assez prononcée et se
prolongeant souvent au delà de l'œil; chair jaune de
beurre, un peu plus intense au centre qui est irrégulier
et bien visiblement délimité; jeunes pousses blanchâtres, un peu teintées de violet à la base. Maturité tardive.

Pomme de terre Yam.

Syn. : Perrault, Constance Perrault, Igname.

Tige de 80 cent., très-rameuse, glabre et d'un vert
clair jaunâtre un peu olivacé, fortement anguleuse, à
angles très-ondulés. Feuille glabrescente, très-allongée,
étroite, à 4-5 et parfois 6 paires de folioles. Fleurs
grandes, blanc lilas, sur des pédoncules grêles; calice à
tube cylindrique, à divisions égalant environ le quart de
la corolle. Tubercule à peu près cylindrique, arrondi
aux deux extrémités, qui sont de grosseur égale, bosselé, long de 12-13 cent., large de 6-8; peau rouge rose
terne, lisse et parsemée de petites taches verruqueuses
de couleur terne; yeux abondants situés dans des dépressions ovaliformes et profondes de 2 à 3-4 millim.:
crête très-saillante se prolongeant bien au delà des cavités; chair blanc jaunâtre, liséré de rose sous la peau;
cercle bien apparent et très-irrégulier. Maturité tardive.

POMMES DE TERRE

VIOLETTES.

Pomme de terre Violette hâtive.

Syn. : Bleue plate hâtive.

Tige de 50 cent., grêle, généralement dressée, parfois étalée, puis ascendante, à angles ondulés, glabre et lavée de purpurin. Feuille grande, très-peu pubescente, à 4, rarement 5 paires de folioles. Pédoncule poilu-hispide, ainsi que le calice ; celui-ci est purpurin à la base ; corolle de moyenne grandeur, blanc-lilas. Tubercule ovaliforme, déprimé ou ovale-arrondi, assez régulier, de 6 à 7 cent. de diamètre ; peau violet noir, rugueuse, gercée et parsemée de petites taches verruqueuses ; yeux enfoncés dans des cavités arrondies ou ovales, profondes de 1 à 3 millim. ; crête saillante ; chair jaune blanchâtre, plus foncé au centre et finement liséré de violet sous la peau ; cercle très-irrégulier ; jeunes pousses violet foncé. Maturité hâtive.

Cette variété est de très-bonne qualité.

Pomme de terre violette de Bourbon-Lancy.

Tige de 45 cent., simple, grêle, dressée, anguleuse, à angles ondulés, vert clair, parfois teinté de purpurin, Feuille étroite comparativement, pubescente, à 3-4

lus rarement 5 paires de folioles. Fleurs peu nombreuses, 3 à 6, portées sur des pédicelles très-poilus;
calice pubescent; corolle blanc-lilas clair. Tubercule
arrondi, irrégulier, d'environ 7 cent. de diamètre;
peau violet foncé, rugueuse et gercée sur presque toute
la surface; yeux situés dans des cavités arrondies,
souvent ovaliformes, profondes de 1/2 à 3 millim.; crête
assez saillante; chair jaune de beurre, plus foncée au
centre, très-finement liséré de violet sous la peau; cercle à peu près régulier; jeunes pousses violet foncé.
Maturité moyenne.

Cette variété est de très-bonne qualité.

Pomme de terre Violette ronde.

Syn. : Violette à chair jaune, Violette de Vincennes.

Tige de 65 cent., dressée ou inclinée, simple ou
rameuse, un peu anguleuse, glabre, lavée ou pointillée de purpurin. Feuille à 3-4, parfois 5 paires de folioles vert clair, un peu rigides en dessus. Fleurs très-
peu nombreuses, de 2 à 3; pédoncules grêles, vio-
acés, pubescents ainsi que le calice; cercle blanc violet. Tubercule arrondi, un peu bosselé, de 5 à 6 cent.,
de diamètre; peau violet noir, rugueuse, surtout dans
la moitié supérieure; yeux enfoncés dans des cavités tantôt arrondies, tantôt ovaliformes. profondes de
2 à 4 millim.; crête bien saillante; chair jaune-serin, finement liséré de violet sous la peau; cercle
irrégulier et parfaitement délimité par une teinte
légèrement olivâtre; jeunes pousses violet-noir. Maturité moyenne.

Cette variété est de très-bonne qualité.

Pomme de terre Violette tardive de Bretagne.

Syn. : de l'île de Bréha, de Korn-er-houet.

Tige de 70 cent., très-robuste, dressée ou étalée, un peu pubescente, rarement simple, lavée ou teintée de purpurin très-anguleuse, à angles fortement ondulés. Feuille ample, à 5 paires de folioles, très-longues comparativement, un peu rigides et d'un vert assez foncé en dessus. Fleurs au nombre de 10 à 14, sur des pédoncules poilus et teintés de rougeâtre; calice pubescent, à divisions allongées; corolle assez grande, blanche. Tubercule arrondi ou arrondi-déprimée, d'environ 6-7 cent. de diamètre; peau rouge violacé terne, rugueuse; yeux généralement placés dans des dépressions ovaliformes; crête bien apparente; chair blanchâtre uniforme, liséré de rouge violet sous la peau; cercle irrégulier, bien délimité et présentant parfois quelques stries. Maturité très-tardive.

Cette variété est recherchée des fournisseurs de la marine, pour la bonne conservation de ses produits.

Pomme de terre Smith Seedling.

Tige ne dépassant pas 25 à 30 cent., d'un vert pâle, munie de quelques taches ou stries lilas et parsemée de longs poils. Feuille à 3-4 paires de folioles pubescentes-rugueuses, d'un vert clair en dessus, plus pâle en dessous (les pétioles sont rougeâtres supérieurement). Fleurs avortées. Tubercule assez régulier, ovaliforme, déprimé, long de 9 cent., large de 6; peau violet foncé terne, gercée sur toute sa surface; yeux superficiels; crête saillante; chair jaune de beurre uniforme, liséré de violet sous la peau; cercle ovale et bien apparent; jeunes pousses violet noir. Maturité moyenne.

Pomme de terre Black Kidney.

Syn.: Rognon noire, Santa Helena.

Tige de 50 cent., simple ou rameuse, étalée, puis dressée, anguleuse, d'un vert jaune clair, légèrement lavé de purpurin, ce qui leur donne une teinte un peu olivâtre. Feuille assez grande, pubescente, à 3-4 paires de folioles réticulées. Fleurs avortées. Tubercule oblong, déprimé, arrondi aux deux bouts, long d'environ 8 cent., large de 6.; peau violet gris terne, gercée et verruqueuse sur presque toute sa surface; yeux souvent superficiels, parfois logés dans des dépressions ovales ou ovales-arrondies, profondes de 1/2 à 1 millim. 1/2; chair jaune blanchâtre à centre plus clair, finement liséré de violet foncé sous la peau; cercle irrégulier; jeunes pousses violet noir. Maturité moyenne.

POMMES DE TERRE
GRANDE CULTURE.

Pomme de terre Caillaud.

Syn. : du Chili.

Tige de 50 à 60 cent., glabre, verte, à peine teintée de rougeâtre à la base, très-ramifiée, anguleuse. Feuilles à 4-5 paires de folioles pubescentes sur les deux faces et d'un vert terne en dessus. Fleurs avortées. Tubercule assez irrégulier, allongé, arrondi aux deux bouts, un peu déprimé, long de 10-11 cent., large de 9 ; peau lisse, sillonnée par place de stries verruqueuses, d'un jaune terne ; yeux situés dans des excavations arrondies, ovales ou ovaliformes très-allongées, de 2 à 6-8 millim. de profondeur ; crête le plus souvent très-saillante ; chair jaune beurré uniforme. Maturité moyenne.

Cette variété convient tout aussi bien à la petite qu'à la grande culture.

Pomme de terre Jeuxi.

Tige verte, très-robuste, haute de 60-70 cent., rameuse, glabre et anguleuse. Feuille pubescente sur les deux faces, à 4-5 paires de folioles fortement ondulées Fleurs très-grandes, au nombre de 10 à 15, portées sur des pédoncules courts (environ 8 cent.), roides et hérissés ; calice velu-hérissé, à segments étroits et très-aigus atteignant à peine la moitié de la corolle ; celle-ci est blanche et devient très-légèrement lilacée en vieillissant. Tubercule arrondi, irrégulier, bosselé, mesurant de 7 à 8 cent. de diam. ; peau jaune terne, vaguement lisse, sillonnée de stries ou de points verruqueux ; yeux enfoncés dans des excavations très-irrégulières, arrondies ou ovaliformes, profondes de 1-2 à 8-10 millim. ; crête saillante ; chair jaune clair blanchâtre, uniforme, liséré de jaune un peu verdâtre vers la peau ; cercle très-irrégulier.

Pomme de terre Chardon.

Syn. : de Saxe. Patraque jaune.

Tige robuste, rameuse, vert clair, parsemée de petites ponctuations purpurines. Feuille grande comparative-

ment, très-pubescente. Fleurs au nombre de 3-6 sur
des pédoncules courts, pubescents ainsi que le calice;
corolle moyennement grande, blanche. Tubercule
assez régulier, bosselé ou mamelonné, presque arrondi, long de 10 cent., large de 9; peau jaune terne,
parsemée de taches lenticulaires plus foncées qui la rendent un peu gercée; yeux situés dans des excavations
en général ovaliformes, de 2 à 10 millim. de profondeur;
crête très-saillante; chair jaune-serin clair, un peu
plus pâle au centre et très-légèrement verdâtre sous la
peau; cercle irrégulier; jeunes pousses blanches à
pointes violacées.

Pomme de terre de Rohan.

Tige de 50-60 cent., verte, velue-hérissée, surtout
au sommet, anguleuse, à angles très-saillants, ondulés.
Feuille grande comparativement, à 4-5 paires de folioles ondulées et très-réticulées. Fleurs au nombre
de 10-12 sur des pédoncules velus-hispides; calice petit, très-pubescent; corolle moyennement grande,
blanche. Tubercule arrondi ou allongé, très-irrégulier,
bosselé ou mamelonné, long de 12-13 cent., large de
8-9; ceux qui sont arrondis mesurent environ 10 cent.
de diamètre; peau rose gris lavé de jaune terne; yeux
abondants, logés dans des excavations parfois arrondies,
le plus souvent ovaliformes allongées, profondes de
1-2 à 8-9 et quelquefois 10 millim.; crête le plus souvent très-saillante; chair jaune de beurre clair; cercle
très-irrégulier et parfaitement délimité par 1-3 ou 5 taches allongées et interrompues, roses et tranchant sur la
couleur de la chair; cette particularité est plus apparente sur les tubercules allongés.

Pomme de terre de Chamonix.

Tige verte, un peu olivâtre, surtout à la base, glabre, assez robuste, rameuse, anguleuse, à angles ondulés. Feuilles à 3-5 paires de folioles un peu pubescentes en dessus, réticulées et légèrement âpres en-dessous. Fleurs très-nombreuses (23 à 30), sur des pédoncules très-longs, pubescents comme les pédicelles et pointillés de purpurin; calice vert clair, maculé de purpurin; corolle très-large, d'un rose violet. Tubercule assez régulièrement arrondi, d'environ 8-9 cent. de diam.; peau rose clair terne, lavée ou jaspée de jaune terne, fortement gercée et même rugueuse, surtout au sommet; yeux nombreux, surtout à la partie supérieure, enfoncés dans des excavations ovaliformes, rarement arrondies, profondes de 3 à 5 millim.; crête saillante; chair jaune blanchâtre, plus clair au centre, et finement liséré de verdâtre sous la peau; cercle très-irrégulier.

La pomme de terre de Petit-Val ne diffère de la pomme de terre de Chamonix, que par quelques détails insignifiants.

Pomme de terre Aradares.

Syn.: Cinquante pour un, des Andes du Pérou.

Tige robuste, de 55 à 60 cent., dressée, simple, rameuse et anguleuse, d'un vert jaunâtre et faiblement lavée de purpurin. Feuille ample, à 2-3, rarement 2-4 paires de folioles assez espacées. Fleurs? Tubercule ovaliforme, déprimé, arrondi aux deux bouts, long de 7-8 cent., large de 5-7; peau rosée, parsemée de très-nombreuses stries qui la rendent plutôt un peu rugueuse que lisse; yeux très-abondants, surtout au sommet, logés dans des dépressions parfois arrondies, le plus

souvent ovaliformes et profondes de 2 à 4 millim.; crête
bien saillante; chair blanc jaunâtre uniforme, finement
liséré de rose carminé sous la peau; cercle irrégulier
et assez bien délimité par une ligne interrompue jaune
plus foncé.

Pomme de terre Hundred fold.

Syn.: Cent pour un.

Tige grêle, de 75 cent., simple ou rameuse, dressée
ou inclinée, glabre, un peu pubescente au sommet, lavée
de purpurin ainsi que les pétioles. Feuille très-peu
pubescente, à 3-4 parfois 6 paires de folioles vert cendré. Fleurs au nombre de 8 à 10; pédoncules lavés de
purpurin, pubescents ainsi que le calice, qui est
également coloré et dont les segments sont courts;
corolle blanc violacé. Tubercule ovale-arrondi, un peu
déprimé et assez irrégulier, long de 7 cent., large de
6; peau violet noir, légèrement rugueuse et parsemée
de petits points lenticulaires; yeux assez nombreux,
enfoncés dans des cavités ovaliformes; crête assez
saillante; chair jaune de beurre, à centre plus clair
et finement liséré de violet foncé sous la peau; cercle
irrégulier; jeunes pousses violet clair. Maturité tardive.

Pomme de terre Mangel Wurtzel.

Syn.: Betterave, Doigt de dame, de 1 mètre.

Tige de 1 mètre, glabre, d'un vert légèrement olivâtre,
robuste et rameuse, très-anguleuse, à angles ondulés-
crispés. Feuille grande comparativement, à 3-5 paires de
folioles très-larges, presque glabres en dessous, un peu
hispidules en dessus et longuement pétiolulées. Fleurs
grandes, au nombre de 12-18, violacé clair; pédoncule
long, peu pubescent, presque incolore; calice pubescent

à tube non coloré. Tubercule assez peu régulier, allongé cylindrique, arrondi aux deux extrémités, long de 18 cent., large de 6 ; peau rose clair un peu terne, rugueuse, peu gercée et parsemée sur toute sa surface de taches verruqueuses saillantes et arrondies ; yeux abondants, situés dans des dépressions en général ovaliformes-allongées, de 1-3 et même 4 millim. de profondeur ; crête en général bien saillante ; chair blanc jaune clair uniforme, liséré de rose sous la peau ; cercle irrégulier et délimité par une ligne rosée se répandant assez irrégulièrement à l'intérieur sous forme de taches.

Pomme de terre rouge des îles Marmont.

Syn. : de New-York, Oxford red.

Tige de 80 cent. à 1 mètre, presque glabre, d'un vert clair et munie de quelques stries olivâtres, anguleuse, à angles parfois ondulés. Feuilles vert clair, à 3-4 paires de folioles un peu poilues-rugueuses en dessus, plus pâles et plus mollement hérissées en dessous. Fleurs au nombre de 8-10 et quelquefois 15, assez longuement pédicellées ; pédoncule long de 12 à 15 cent., pubérulent et de même teinte que la tige ; calice petit, vert clair jaunâtre, pubescent, atteignant environ la moitié de la corolle ; celle-ci d'une teinte lilas clair, à lobes moins foncés et même blanchâtres. Tubercule allongé, à peu près cylindrique, irrégulier, bosselé, arrondi aux deux bouts, long de 18 cent., large de 6 ; peau rouge rosé, maculée de jaune terne, lisse ou très-peu parsemée de taches verruqueuses ; yeux abondants, enfoncés dans des excavations ovaliformes, profondes de 3 à 8 millim.; chair jaune beurre clair uniforme, finement liséré de rose terne sous la peau ; cercle très-visiblement délimité et irrégulier.

FIN.

TABLE DES MATIÈRES.

BIBLIOTHÈQUE IMPÉRIALE. TPR.

———

Paris. — Imprimerie horticole de E. Donnaud, rue Cassette, 9.

EXTRAIT

DE

CATALOGUE GÉNÉRAL

DE

COURTOIS-GÉRARD & PAVARD

HORTICULTEURS-GRAINIERS

Rue du Pont-Neuf (près les Halles Centrales).

PARIS

IMPRIMERIE HORTICOLE DE E. DONNAUD

9, RUE CASSETTE, 9.

GRAINES

DE

PLANTES POTAGÈRES

———⋈———

		FR.	C.
Ail (bulbes).. . . . . Le litre.		»	80
Arroche blonde. . . . . Les 30 grammes.		»	40
— rouge. . . . . . —		»	50
Artichaut violet hâtif. . . —		1	50
— — plants . . . . Le cent. 8 à 10		»	
— vert de Laon. . . . . . —		2	»
— — — plants.. . . — 4 à 6		»	
Asperge rose hâtive d'Argenteuil. Les 30 gram.		»	50
— — plants.. . . Le cent. 5		»	
— de Hollande.. . Les 30 grammes.		»	30
— — plants.. . . —		2	50
Aubergine violette à fruit long.. Le paquet.		»	25
— — rond . . —		»	25
Betterave rouge ronde précoce Les 30 gram.		»	30
— — de Castelnaudary . —		»	30
— — grosse . . . . . . —		»	30
— jaune ronde sucrée.. . . . —		»	30
— — de Castelnaudary.. —		»	30
— — grosse . . . . . —		»	30
Cardon de Tours.. . . . . Les 15 grammes.		»	60
— plein, sans épines. . . . . —		»	60
Carotte rouge courte à châssis. Les 30 gram.		»	40

	FR.	C
Carotte rouge courte de pleine terre. Les 30 gr.	»	3
— — demi-longue. . . . . . —	»	3
— — longue. . . . . . . —	»	3
— — d'Altringham . . . . —	»	3
— jaune courte. . . . . . . —	»	4
— — longue. . . . . . —	»	2
— blanche transparente. . . . —	»	4
— violette . . . . —	»	4
Céleri court hâtif.. . . . Les 15 grammes.	»	3
— turc . . . . —	»	3
— plein blanc. . . . . —.	»	3
— — violet de Tours. . . . —	»	4
— rouge.. . . . . —	»	4
— rave. Céleri-navet . . . . . —	»	3
Cerfeuil. . . . . Les 30 grammes.	»	2
— frisé. . . . . —	»	3
— tubéreux. Semé en septembre-octobre, le cerfeuil tubéreux lève au printemps suivant. . Les 30 grammes.	»	6
Champignon comestible (blanc). . Le kilogr.	1	25
— fine d'été ou d'Italie.. Les 15 grammes.	»	30
— fine de Rouen ou corne de cerf —	»	30
— frisée de Meaux.. . . . . . —	»	30
— — de Ruffec . . . . . . —	»	30
— — de la passion. Traitée comme la laitue de la passion, elle donne à la même époque. Le paquet.	1	»
Chicorée toujours blanche. Les 30 grammes.	»	60
— scarole maraîchère. Les 15 grammes.	»	30
— — blonde ou à feuille de laitue.. . .	»	30
— sauvage.. . . . . Les 30 grammes.	»	25
— — améliorée. — —	»	40
Chou d'York petit et gros. Les 15 grammes	»	50
— cœur de bœuf petit et gros —	»	50
— bacalan.. . . . . —	»	50

			FR.	C.
Chou	pointu de Winnigstadt..Les 15 gram.		»	60
—	Joanet ou Nantais. . . .	—	»	50
—	de Saint-Denis.	—	»	50
—	de Hollande, à pied court.	—	»	50
—	de Hollande tardif. . . .	—	»	50
—	quintal.	—	»	50
—	de Schweinfurt tout aussi gros, mais plus hâtif que le quintal.	—	1	»
—	de Vaugirard, supporte la gelée mieux que tous les autres choux. . . .	—	»	50
—	rouge petit et gros. . . .	—	»	50
—	de Milan d'Ulm.	—	»	50
—	— pied court . . .	—	»	50
—	— ordinaire. . . .	—	»	50
—	— des Vertus . . .	—	»	50
—	de Bruxelles.	—	»	50
—	— nain.	—	1	»
—	à grosse côte.	—	»	50
—	— frangé (fraise de veau).	—	»	50
—	marin, Crambé. . Les 30 grammes.		1	»
—	— — plants.. La douzaine.		3	»
—	chinois, Ch. Pé-Tsaï ,Ch. de Chang-Ton. . . . . Le paquet.		1	»
—	rave blanc.. . . . Les 15 grammes.		»	50
—	— violet.	—	»	50
—	navet blanc. . . . Les 30 grammes.		»	50
Chou-navet, jaune. Rutabaga. La racine de ce chou peut remplacer le navet pendant l'hiver. Les 30 gram.			»	50
Chou-fleur petit Salomon. . . . Le paquet.			1	»
—	demi-dur, gros Salomon.	—	1	60

		FR.	C
Chou-fleur Lenormand. . . . . . Le paquet		1	
— — à pied court —		1	
— dur d'Angleterre. . —		»	6
Chou brocoli blanc hâtif. Les 10 grammes.		»	6
— — mammoth. . —		»	6
— violet. . . . . —		»	6
— sprouting. Le brocoli sprouting produit comme le chou de Bruxelles une petite pomme dans l'aisselle de chaque feuille. . Le paquet.		1	
Ciboule blanche. . . . . Les 30 grammes.		»	70
— rouge. . . . . —		»	60
— vivace de Chine. . . . . Le paquet.		1	»
Concombre blanc hâtif. . . . . —		»	25
— — gros. . . . . . —		»	25
— jaune hâtif. . . . . . —		»	25
— vert long à fruit lisse. —		»	60
— — à fruit épineux. —		»	60
— vert petit à cornichon —		»	25
— — de Russie. . —		»	25
Courge à la moelle. Moelle végétale. —		»	25
— crème végétale. . . . . . —		»	25
— sucrière du Brésil. . . . —		»	25
— de Richemont. . . . . . —		»	25
— de l'Ohio. . . . . —		»	25
— de Valparaiso. . . . . . Le paquet.		»	25
— pleine de Naples. . . . . —		»	25
— d'Italie, souquette. . . . . —		»	25
— des Patagons. . . . . . . —		»	25
Cresson alénois. . . . . Les 30 grammes.		»	20
— — frisé. . . . . . —		»	30
— de fontaine. . . . Les 10 grammes.		»	50
Echalotte, bulbes. . . . . Le litre.		1	»
Epinard de Hollande (graine ronde). Les 30 gr.		»	20

			FR.	C.
Épinard à feuille de laitue.. . .	Les 30 gram.		»	30
— d'Angleterre (*graine piquante*)	—		»	20
Estragon (*plant*).	La douzaine.		1	50
Fève naine hâtive	Le litre.		1	30
— julienne..	—		»	60
— à longue cosse..	—		»	80
— toujours verte..	—		»	60
— violette..	—		1	»
— de marais..	—		»	50
— de Windsor	—		»	60
Fraisier des quatre saisons. . . .	Le cent.		1	25
— à gros fruit, barne's large white.	La douz.		1	»
— — Eleonor. . . .	—		1	»
— — Excellente . .	—		1	»
— — Elton.	—		1	»
— — gwenirer . . .	—		6	»
— — jacunda. . . .	—		1	»
— — Keen's seedling .	—		1	»
— — Lucas.. . . .	—		2	»
— — la Mauresque .	—		6	»
— — may queen. .	—		1	»
— — Marguerite.. .	—		1	»
— — Princesse royale.	—		1	»
— — sir Harry. . .	—		2	»
— — sir Joseph Paxton.	—		6	»
— — vicomtesse Héricart	—		1	»
— — Victoria Trollopp.	—		1	»
— — Ananas perpétuel.	—		20	»
Giraumon turban. Bonnet de Turc.	Le paquet.		»	25

HARICOT NAIN.

			FR.	C.
— hâtif de Hollande. . . .	Le litre.		1	20
— noir hâtif de Belgique. .	—		1	20

HARICOT NAIN (*suite*).

			FR.	C
—	mohawk (très-hâtif et très-productif).	Le litre.	1	20
—	flageolet. Hâtif de Laon.	—	»	80
—	de la Chine.	—	1	»
—	du Canada.	—	»	90
—	de Bagnolet. Suisse gris.	—	»	90
—	de Soissons, gros pied . .	—	1	»
—	blanc, sans parchemin . .	—	1	50
—	comtesse de Chambord. .	—	1	50
—	de Prague marbré, sans parchemin.	—	»	80
—	cent pour un, sans parchemin.	—	1	20
—	beurre, sans parchemin. .	—	2	»

HARICOT A RAME.

			FR.	C
—	de Soissons.	—	»	80
—	sabre.	—	1	50
—	Lafayette.	—	1	50
—	d'Espagne.	—	1	20
—	Prédomme, sans parchemin.	—	2	»
—	princesse, sans parchemin	—	2	»
—	de Prague, marbré, sans parchemin.	—	»	80
—	beurre, sans parchemin. .	—	1	50
Igname de la Chine, racines et bulbilles. . .			»	»
Laitue crêpe, petite, noire. Les 15 grammes			»	30
—	gotte	—	»	30
—	à bords rouges, cordon rouge.	—	»	30
—	d'Alger.	—	»	30
—	blonde d'été. . . .	—	»	30
—	blonde de Versailles.	—	»	30
—	impériale.	—	»	30

		FR.	C.
Laitue turque.. . . . . . Les 15 grammes		»	30
— grosse brune pares-	—	»	30
seuse.	—	»	30
— palatine, laitue rouge.	—	»	30
— sanguine.	—	»	40
— chou de Naples. . .	—	»	40
— Batavia blonde. . .	—	»	40
— — brune. . . .	—	»	40
— de la passion. . . .	—	»	30
— morine.	—	»	30
— à couper. . . . . . Les 30 grammes		»	40
Laitue romaine verte, maraî-			
chère.. . Les 15 grammes.		»	30
— — blonde , ma-			
raîchère. .	—	»	30
— — alphange.. .	—	»	30
— — panachée ou			
sanguine .	—	»	40
— — verte d'hiver.	—	»	30
— — rouge d'hiver.	—	»	30
— — à feuille d'ar-			
tichaut. .	—	»	30
Lentille large de Gallardon. . . . . Le litre.		1	20
Mâche ronde. M. de Hollande. Les 30 gram.		»	30
— à grosses graines.	—	»	30
— d'Italie. M. Régence. . . .	—	»	40
Melon cantaloup hâtif de 28 jours. Le paquet.		»	40
— — noir des Carmes.	—	»	40
— — prescott fond blanc.	—	»	40
— — — galeux . .	—	»	40
— — d'Alger.	—	»	40
— . — de Portugal . . .	—	»	40
— ananas d'Amérique. . . .	—	»	40
— sucrin à chair blanche . .	—	»	40
— — — rouge . . .	—	»	40

		FR.	C
Melon sucrin de Tours	Le paquet.	»	40
— maraîcher	—	»	40
— d'Arkangel	—	»	40
— de Honfleur	—	»	40
Moutarde blanche. . . .	Les 100 grammes.	»	20
Navet long hâtif des Vertus.	Les 30 grammes.	»	30
— long de Croissy. .	— —	»	30
— rose du Palatinat.	— —	»	25
— de Freneuse. . .	— —	»	30
— de Meaux. . . .	— —	»	30
— noir long	— —	»	49
— blanc plat hâtif. .	— —	»	30
— rouge plat hâtif. .	— —	»	30
— boule de neige. .	— —	»	40
— — d'or. . . .	— —	»	40
— jaune de Hollande.	— —	»	30
— — d'Altringham.	— —	»	40
Oignon blanc hâtif. . . .	— —	»	80
— — gros. . . .	— —	»	60
— jaune des Vertus. .	— —	»	70
— — soufre d'Espagne. . .	— —	»	80
— — de Danvers.	— —	»	80
— rouge pâle.. . .	— —	»	60
— rouge foncé.. . .	Les 30 grammes.	»	»
— de Madère. . . .	— —	1	»
— d'Egypte, Rocambole (*bulbe*).	Le litre.	2	»
Oseille large de Belleville.	Les 30 grammes.	30	»
— vierge plant.	Le cent.	6	»
— à feuille cloquée.	—	6	»
Panais rond hâtif. . . .	Les 30 grammes.	»	30
— longs	— —	»	20
Patisson Artichaut d'Espagne.	Le paquet.	25	»

			FR.	C.
Patate (*plant*). . . . . . . La douzaine.			1	»
Persil. . . . . Les 30 grammes.			»	20
— frisé..	—	—	»	40
Piment long ou poivre long. . . . Le paquet.			»	25
— du Chili.	—		»	25
— gros carré doux.	—		»	25
Pimprenelle petite. . . . Les 30 grammes.			»	30
Pissenlit à larges feuilles. Les 15 grammes.			»	60
Poireau long.	—	—	»	40
— court	—	—	»	40
— gros court de Rouen. . . .	—	—	»	60
Poirée blonde.	—	—	»	30
— à carde blonde. .	—	—	»	40

POIS A RAME ET 1/2 RAME.

		FR.	C.
— Carter, le plus hâtif de tous les pois. . . . . Le litre.		2	»
— prince Albert.	—	1	80
— Michaux de Hollande . . .	—	1	25
— — de Ruelle. . . .	—	1	25
— — ordinaire.	—	1	25
— d'Auvergne, P. Serpette. .	—	1	25
— Clamart.	—	1	»
— ridé de Knight, P. sucré.	—	1	25
— ridé vert.	—	1	26
— sans parchemin à fleur blanche. . .	—	2	»
— — à fleur rouge.	—	2	»

POIS NAIN.

		FR.	C.
— très-hâtif.	—	1	80
— hâtif de Hollande.	—	1	40
— gros sucré.	—	1	50
— vert de Prusse.	—	1	25

FR.
Pois nain vert anglais. . . . . . Le litre. 1
— bishop à longue cosse. . . . — 1
— ridé nain. . . . . — 1
— — nain à châssis. . . . — 2
— sans parchemin nain. . . . . — 2
Pomme de terre jaune ronde fine hâtive. Le litre. 1
— — à œil violet. — » 5
— — Schaw. Le décalitre. 1 2
— — des Cordilières (*semis Courtois-Gérard*).
Le litre. 2
— — régent. Le décalitre. 1 5
— jaune longue Marjolin
1re saison. . . . . — 2 5
— — à feuille d'ortie. Le lit. 1
— — Lapstone Kidney. — 1
— — d'Amérique. . . — 1
— — la Coquette. . . — 1
— rouge ronde printanière. . . — » 5
— — de Poméranie. . — 1 2
— — de Montreuil (*semis Court.-Gérard*) Le lit. 1 5
— — forty fold. . . — 1
— — white pink. . — 1
— rouge longue, pale-red. . — » 5
— — Kidney rouge. — 1 »
— — Xavier. Le décalitre. 1 50
— — Briffaut. . Le litre. 1 »
— — pousse debout. Le déc. 1 25
— violette plate hâtive. . Le litre. 1 »
— — de Bourbon-Lancy. — 1 »
— — ronde à chair jaune. — 1 »
— — tardive Bretagne. — 1 »
— — Smith seedling. — 1 50
Potiron jaune gros. . . . . Le paquet. » 25

		FR.	C.
Potiron d'Espagne . . . . Le paquet.		»	25
— de Corfou . . . . —		»	25
Pourpier doré . . . . . . Les 30 grammes.		»	50
Radis rose rond . . . . . — —		»	30
— rose demi-long. . . — —		»	30
— rose à bout blanc. — —		»	25
— rose écarlate. . . . — —		»	25
— blanc tardif . . . . — —		»	30
— gris. . . . . — —		»	30
— jaune. . . . . — —		»	30
— violet . . . . . . — —		»	30
— à silique comestible. Les siliques de ce radis ont exactement la saveur des variétés dont on mange la racine. . . . . Le paquet.		1	»
— noir d'hiver. . . . Les 30 grammes.		»	40
— violet d'hiver. . . — —		»	40
— rose d'hiver. . . . — —		»	40
Rave violette hâtive. . . — —		»	30
— rose . . . . — —		»	30
— blanche. . . . . . — —		»	30
Raiponce. . . . . Les 10 grammes.		»	40
Salsifis blanc. . . . . . . Les 30 grammes.		»	40
Scorsonère, Salsifis noir. — —		»	40
Sarriette . . . . Le paquet.		»	25
Tétragone cornue. Épinard de la Nouvelle-Zélande. Les 30 gram.		»	80
Tomate rouge hâtive. . . . . . Le paquet.		»	25
— rouge grosse . . . . . . —		»	25
— à tige roide. . . . . . . —		»	25
— poire. . . . . —		»	25
— cerise . . . . —		»	25

GRAINES

DE

PLANTES FOURRAGÈRES

GRAMINÉES POUR L'ENSEMENCEMENT
DES PELOUSES
ET DES PRAIRIES PERMANENTES.

		FR.	C.
Agrostis traçante. . . . . .Le kilog.		1	60
Avoine élevée (*fromental*)	—	1	20
— jaunâtre	—	4	»
Brome de prés	—	1	40
— de Schrader	—	2	»
Crételle des prés	—	3	»
Dactyle pelotonné.	—	2	»
Fétuque des prés.	—	2	40
— ovine	—	2	»
— traçante.	—	2	»
— à feuille menue (*tenuifo-lia*)	—	2	40
— hétérophylle.	—	2	20
— flottante (*Glyceria fluitans*) .	—	2	50
Fléole des prés (*Timothy*).	—	1	75
Flouve odorante	—	4	50
Houque laineuse	—	1	»

		FR.	C.
Paturin des prés . . . . Le kilog.	3	»
— commun (*trivialis*).	—	3	50
— des bois	—	3	»
— aquatique (*Glyceria aquatica*).	—	2	50
Phalaris roseau.	—	2	70
Rye-grass anglais.	—	»	70
— d'Italie.	—	»	60
Roseau des sables.	—	3	»
Vulpin des prés.	—	4	»
Mélange naturel (1) . . . . . Les 100 kilog.	25	»
— composé pour prairie. Les 100 kilogr.	90	»
Le kilog.	1	»
Lawn's-grass pour gazon. . Les 100 kilogr.	130	»
Le kilogr.	1	»

PLANTES FOURRAGÈRES DE NATURES

DIVERSES.

Ajonc marin . . . . Le kilog.	4	»
Betterave disette, B. champêtre. . .	—	1	50
— — d'Allemagne. . . .	—	1	60
— — blanche	—	1	60
— jaune d'Allemagne. . . .	—	1	60
— globe jaune -	—	1	50
— — blanche	—	1	70
— — rouge.	—	1	70

(1) Le bas prix du mélange naturel est plus apparent que réel, car il ne faut pas moins de 350 à 400 k. de graines par hectare, tandis que 80 à 100 k. de mélange composé suffisent pour ensemencer la même étendue de terrain.

		FR.
Betterave blanche de Silésie . . . . Le kilog.		1
— — impériale.	—	3
Carotte blanche à collet vert	—	2
— rouge à collet vert.	—	3
— blanche des Vosges	—	3
— rouge pâle de Flandres. . .	—	3
Chanvre de Piémont.	—	2 9
Chicorée sauvage.	—	4
— — à grosse racine . .	—	5
Chou cavalier . . . . . Les 30 grammes.	»	5
— caulet de Flandres. . — —		» 6
— branchu du Poitou.. — —		» 4
— moellier . . . . — —		» 6
— navet. . . . . Le kilog.		4
— rutabaga.	—	3
— — de Skirwing.	—	3 5
— rave . . . . Les 30 grammes.		1
Lin de Riga . . . . Le kilog.		1 50
— récolté en France.	—	» 80
Lotier corniculé.	—	5 »
— velu	—	7 »
Lupin blanc	—	» 50
— jaune	—	» 60
Luzerne de Poitou (au cours).	»	»
— de Provence (au cours)	»	»
Maïs quarantain . . . . Le kilog.		» 60
— King Philip.	—	» 60
— blanc hâtif.	—	» 50
— jaune hâtif (M. d'Auxonne). .	—	» 55
— jaune gros.	—	» 45
— géant. M. Caragua.	—	» 80
Mélilot de Sibérie.	—	1 80
Millefeuille.	—	5 »
Moutarde blanche.	—	» 90
Navet globe blanc.	—	3 »

		FR.	C.
Navet globe rouge	Le kilog.	3	»
— d'Auvergne (*rave d'Auvergne*).	—	3	»
— Turnep (*rave du Limousin*)..	—	3	»
— long d'Alsace.	—	3	»
— rose du Palatinat..	—	3	»
— jaune d'Aberdeen.	—	4	»
Panais long	—	3	»
Pastel.	—	3	80
Pimprenelle grande.	—	»	50
Pomme de terre Caillaud.	Le décalitre.	1	20
— Chardon.	—	1	»
Raifort champêtre.	Le kilog.	2	»
Sainfoin	L'hectolitre.	16	»
— à deux coupes	—	17	»
Serradelle.	Le kilog.	1	20
Soleil grand	—	2	»
Sorgho sucré.	—	2	»
Spergule.	—	»	80
— géante.	—	1	25
Topinambour	L'hectolitre.	7	»
Trèfle rouge. T. violet.			
— blanc.			
— hybride			
— jaune (*Anthyllis vulneraria*).			
— incarnat.			
— — tardif			
— — à fleur blanche.			

Au cours.

GRAINES

DE

FLEURS ANNUELLES (1)

———◇◇◇———

Abronia umbellata.
Acroclinium roseum (*Immortelle*).
Adonide d'été.
Ageratum mexicanum.
Agrostis pulchella (*graminée*).
— nebulosa (*graminée*).
Alonsoa Warsceviczii.
Alysse, Corbeille d'or.
— odorante, Corbeille d'argent.
Amaranthus melancolicus ruber.
— bicolor.
— tricolor.
— sanguineus.
— speciosus.
— caudatus.

---

(1) Les graines de fleurs sont vendues par petits paque
du prix de 20, 40 ou 60 centimes, suivant que les espèces so
plus ou moins nouvelles.

aranthoïde violette.
— rose.
— blanche.
— panachée:
roche à feuilles rouges.
agallis grandiflora rosea.
— — cærulea.
eria chrysostoma.
samine double variée.
— camellia variée,
— — par couleur séparée.
rbeau varié.
rtonia aurea.
le de jour.
— — panachée.
lle de nuit variée
— — par couleur séparée.
— — odorante.
achycome iberidifolia.
za maxima (*graminée*).
calia écarlate.
landrinia à grandes fleurs.
— umbellata.
mpanule à grosses fleurs (*Violette marine.*)
— miroir de Vénus.
pucine grande.
— — à fleurs brunes.
— — à fleurs panachées.
— naine.
— — Tom Pouce.
— — — à fleur rose.
— — lucifère.
closia cristata rouge (*Amarante crête de coq*).
— — jaune.
— spicata (*Amarante à épis roses*).

Centaurée violette (*Ambrette*).
—   odorante (*Barbeau jaune*).
—   depressa.
Centranthus macrosiphon à fleur rose.
—   —   fleur blanche.
—   —   fleur carnée.
Choux d'ornement.
Chrysanthème des jardins.
—   à carène.
—   de Burridge.
Clarkia pulchella.
— fimbriata.
— blanc.
— à fleur double.
— élégant.
—   —   à fleur rose.
—   —   à fleur blanche.
Cobéa grimpant.
Collinsia bicolor.
—   à grande fleur.
—   à fleur marbrée (*multicolor*),
—   à fleur blanche (*candidissima*).
Collomia écarlate.
Comeline tubéreuse.
Coquelicot double varié.

Coquelourde, Rose du ciel.
—   à fleur pourpre.
—   naine.
Corcopsis élégant.
— pourpre.
— nain.
— coronata.
— cardaminefolia.
Cosmidium Burridgeanum.
Cosmos à grande fleur.

Courge ornementale. 12 variétés parfaitement dis-
    tinctes.
Crepis rose.
  — blanc.
Cuphea silenoides.
  — purpurea.
Cynoglosse à feuille de lin.
Datura fastuosa à fleur blanche.
    —   —   double.
    —   —   violette.
    —   —   jaune double.
    —   —   ceratocaula.
Dolique à fleur violette.
  —   — blanche.
Enothère blanche (*tetraptera*).
  — de Drummond.
  — de Lamarck.
Erysimum Petrowskianum.
Eschscoltzia de Californie.
Eucharidium grandiflorum.
Eutoca viscida.
Ficoïde glaciale.
  — tricolore.
Gilia tricolor, en mélange.
  —   — par couleur séparée.
Giroflée quarantaine en mélange.
    —   — par couleur séparée.
    —   — à grande fleur, en mélange.
    —   —   — par couleur séparée.
    —   — naine en mélange.
    —   —   — par couleur séparée.
    —   — grecque (*Kiris*), en mélange.
    —   —   — par couleur séparée.
Giroflée quarantaine empereur (*perpétuelle*), en mé-
    lange.

Giroflée quarantaine empereur, par couleur séparée.
—   —   cocardeau en mélange.
—   —   — par couleur séparée.
—   —   grosse espèce, en mélange.
—   —   — par couleur séparée.
— jaune, en mélange.
Godetia rubicunda.
— Lindleyana.
— the Bride.
Gypsophila elegans.
Hélychryse à bractées jaune (*Immortelle*).
—   — blanche.
Hordeum jubatum (*graminée*).
Hugelia cærulea.
Ipomée pourpre (*Volubilis*).
— à fleur rose (*erubescens*).
—   — rouge (*kermesina*).
—   — panachée (*Madame Anné*).
—   — pourpre bordé blanc (*limbata*).
—   — bleue (*nil*).
Ipomopsis elegans.
Julienne de Mahon à fleur blanche.
—   —   — bicolore.
Kaulfussia amelloides.
Ketmie vésiculeuse.
— à grandes fleurs.
Lagurus ovatus (*graminée*).
Lamarkia aurea (*graminée*).
Lavatère à grandes fleurs roses.
—   — blanches.
Leptosiphon grandiflorus.
—   — albus.
— androsaceus.
—   — albus.
— aureus.
— hybridus.

imnanthus Douglasii.

in à grandes fleurs rouges.

inaire pourpre.

—   — à fleur blanche.

indheimeria texana.

oasa aurantiaca (*pl. grimpante*).

obelia erinus.

—   — à fleur bleue et blanche (*speciosa*).

—   —   — marbrée (*marmorata*).

—   —   — rose (*Lindleyana*).

—   —   — blanche (*alba compacta*).

obelia ramosa.

—   — à fleur rose.

—   —   — blanche.

ophospermum scandens (*pl. grimpante*).

unaire annuelle (*Semelle du pape*).

upin grand à fleur bleue.

—   —   — blanche.

—   —   — rose.

— de Hartweg à fleur bleue.

—   —   — blanche.

—   —   — rose.

— changeant mutabilis.

— tricolore (*mutabilis*).

— hybride (*hybridus superbus*).

— jaune (*sulphu cus superbus*).

laïs à feuille panachée.

lalope à grande fleur rouge.

—   — blanche.

lartynia fragrans.

— lutea.

laurandia de Barclay (*pl. grimpante*).

— à fleur de Muflier.

lauve d'Alger.

— frisée.

limulus luteus.

Mimulus rivularis.
— maculatus.
— cupreus.
— guttatus.
Momordica charantia (*plante grimpante*).
Morna elegans (*Immortelle*).
Muflier à grandes fleurs.
Myosotis palustris.
— alpestris.
Nemesia floribunda.
Nemophila insignis.
— — marginata.
— — variegata.
— atomaria.
— — cærulea.
— — oculata.
— discodalis.
— maculata.
Nierembergia gracilis.
Nigelle de Damas.
— d'Espagne.
Nolana lanceolata.
— grandiflora.
Nycterinia selaginoides.
Œillet de la Chine (*Dianthus sinensis*).
— — var. Hedwigii.
— — à fleurs laciniées.
Oxalis rosea.
Palafoxia texana.
Pavot double varié.
Pensée à grandes fleurs.
Pentstemon gentianoides.
Persicaire d'Orient à fleurs roses.
— — blanches.
Petunia à fleurs blanches odorantes.
— — violettes.

tunia hybride, mélange 1er choix.
acelia tanacetifolia.
lox Drummondii varié.
ed d'alouette nain double varié.
 —   —   par couleur séparée.
 —   des blés à fleurs doubles.
 —   à pétales en cœur (*Delphinium peregrinum*).
dolepis gracilis.
is de senteur à fleurs roses.
 —   —   blanches.
 —   —   rouges (*invincible scarlet*).
 —   —   violettes.
 —   —   panachées de rose.
 —   —   panachées de violet.
 —   les mêmes en mélange.
urpier à grandes fleurs par couleur séparée.
 —   —   les mêmes en mélange.
ine-Marguerite naine à bordures.
 —   —.   à fleurs d'Anémone.
 —   —   —   de Chrysanthème.
 —   pyramidale à fleur de pivoine, 10 variétés.
 —   pyramidale à fleur imbriquée, 6 variétés.
 —   pompon, 6 variétés.
 —   couronnée 6 variétés.
 —   en mélange ou par couleur séparée.
séda odorant.
 — à grandes fleurs.
odanthes Manglesii (*Immortelle*).
cin sanguin.
se trémière de la Chine.
lpiglossis hybrida.
 —   nain.
lvia coccinea.
 — horminium.

Sanvitalia procumbens.
— à fleurs doubles.
Saponaire de Calabre à fleurs roses.
— — — blanches.
Scabieuse des jardins.
— naine.
Schizanthus pinnatus.
— oculatus.
— retusus à fleurs roses.
— — à fleurs blanches.
— Grahami à fleurs roses.
— — à fleurs lilas.
Seneçon des Indes, à fleurs doubles.
Silene pendula à fleurs roses.
— — à fleurs blanches.
— — ruberrima.
— à bouquets fleurs roses.
— — fleurs blanches.
— — fleurs cárnées.
Solanum atrosanguineum.
— sisymbriifolium.
Soleil à fleurs doubles.
— nain à fleurs doubles.
— double à feuilles argentées.
Souci à la reine, Souci de Trianon.
— pluvial à fleurs doubles.
Sphenogyne speciosa.
Tabac à fleurs pourpres.
— à feuilles de Vigandia.
Tagetes patula (*Œillet d Inde*).
— — nana.
— signata pumila.
— erecta (*Rose d'Inde*).
Thlaspi blanc.
— julienne.
— lilas.

Thlaspi violet.
Thunbergia alata à fleurs blanches (*pl. grimpante*).
—   —   —   jaunes.
—   —   —   oranges.
Valériane des jardins à fleurs rouges.
—   —   —   blanches.
Verveine de Miquelon.
— de Drummond.
Viscaria oculata à fleurs roses.
—   —   —   blanches.
Whitlavia grandiflora.
Xeranthemum annuum (*Immortelle annuelle*).
Zinnia elegans.
—   —   à fleurs doubles.
—   —   en mélange ou par couleur séparée.
— mexicana (*zinna aurea*).

VÉGÉTAUX D'ORNEMENT

POUR LES JARDINS ET LES SQUARES (1).

	FR.	C.
Achyranthes Verschaffeltii. . . La douzaine.	5	»
Ageratum cœlestinum . . . . . . Le cent.	25	»
Alternanthera Paronichioïdes (*bordure*). La douz.	5	»
Andropogon formosum (*graminée*).	2	»
Anthemis frutescens, Chrysanthème à fleurs blanches. . . . . Le cent.	25	»
Aralia papyrifera.	3	»
Bambusa aurea (*graminée*).	6	»
— edulis.	5	»
Calcéolaire ligneuse à fleur jaune. . Le cent.	50	»
Canna indica (*balisier*). Les variétés les plus — ornementales. . . . . La douzaine.	8	»
Caladium esculentum. . . . . . De 1 à	2	»
Centaurea candidissima.	1	25
Chrysanthème des Indes, par nom et couleur. . . . . . . La douzaine.	8	»
— à petite fleur (*pompon*) — — .	8	»
Cinéraire maritime. . . . . . La douzaine.	5	»
Coleus Verschaffeltii . . . . — .	5	»
Dahlia. Collection composée des variétés les plus belles de chaque nuance. . .	1	»

---

(1) Toutes ces plantes sont livrées au printemps par exemplaires d'un transport facile et d'une reprise certaine.

	FR	C.
rianthus Ravennæ (*graminée*)........	1	»
uchsia collection composée des meilleures variétés pour pleine terre......	1	»
eranium (*pelargonium*) à grande fleur...	1	25
— — zonale à fleur rouge.	»	40
— — — — blanche.	»	50
— — — — rose...	»	50
— — — à feuille pana-chée de blanc.	»	60
— — — Miss Polock, le plus remarquable de tous pour la riche coloration de ses feuilles...	2	»
Gladiolus par nom et couleur. La douzaine.	10	»
— Les mêmes en mélange. —	4	»
Gynerium argenteum, espèce type......	3	»
— — de semis......	1	25
Héliotrope du Pérou et ses variétés. La douz.	4	»
Hibiscus rosa sinensis.........	1	»
Humea elegans...........	1	»
Lantana et ses variétés.... La douzaine.	5	»
Lippia repens (bordures)..... Le cent.	25	»
Lobelia ramosa (bordures)..... —	25	»
— Paxtoniana........ —	40	»
Nierembergia gracilis....... —	40	»
Œillet flon......... —	50	»
Penisetum villosum (*graminée*)......	1	»
Petunia par nom et couleur........	»	60
— en mélange..... Le cent.	25	»
Phlox ligineux. Les variétés les plus nouvelles par nom et couleur.... La douzaine.	9	»
Roses trémières. Les variétés les plus nouvel-les par nom et couleur... La douzaine.	10	»
Salvia splendens....... —	6	»
Gnaphalium lanatum...... —	6	»
Gazania splendens...... —	6	»

		FR.
Farfugium grande	La douzaine.	9
Saccharum Madeni		3
— ægyptianum		5
Solanum marginatum		»
— amazonicum		»
— japonicum		»
— macranthum		2
Stevia serrata	La douzaine.	5
Tradescantia zebrina	—	6
Veronica speciosa	—	5
Verveine hybride, par nom et couleur.	—	4
— Les mêmes, en mélange	Le cent.	25
Wigandia caracassana		1

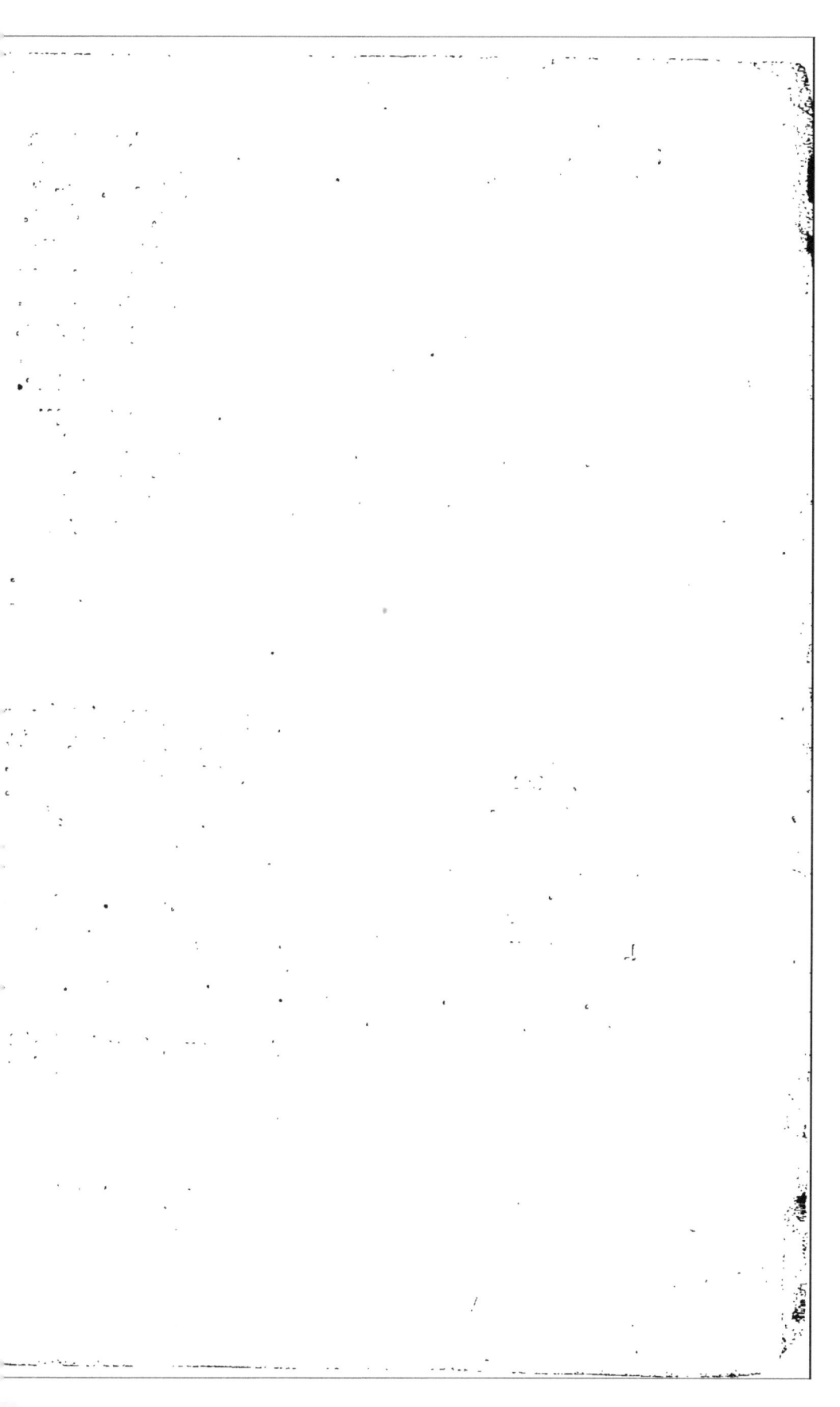

MANUEL PRATIQUE DE CULTURE MARAICHÈRE, par Cour-
TOIS-GÉRARD, 4ᵉ édition, augmentée d'un grand nombre de
figures et de plusieurs articles nouveaux, 1 vol. in-8°.
Prix, 3 fr. 50 c.

MANUEL PRATIQUE DE JARDINAGE, contenant la manière
de cultiver soi-même un jardin ou d'en diriger la culture
par COURTOIS-GÉRARD, 6ᵉ édition, 1 vol. in 8°. Prix, 3 fr. 50 c.

DE LA CULTURE MARAICHÈRE DANS LES PETITS JAR-
DINS, par COURTOIS-GÉRARD, 4ᵉ édition, 1 vol. in-32.
Prix, 1 fr.

DE LA CULTURE DES FLEURS DANS LES PETITS JARDINS,
SUR LES FENÊTRES ET DANS LES APPARTEMENTS,
par COURTOIS-GÉRARD, 3ᵉ édition, 1 vol. in-32.. Prix, 1 fr.

DU CHOIX ET DE LA CULTURE DES GRAMINÉES PRO-
PRES A L'ENSEMENCEMENT DES PELOUSES ET DES
PRAIRIES, par COURTOIS-GÉRARD, 1 vol. in-32 colombier,
orné d'un grand nombre de figures intercalées dans le texte.
Prix, 1 fr.

LE NOUVEAU JARDINIER ILLUSTRÉ pour 1867, rédigé par
MM. HERINCQ, LAVALLÉE, L. NEUMANN, B. VERLOT, CELS,
J.-B. VERLOT, COURTOIS-GÉRARD, A. PAVARD, BUREL, 1 vol.
in-18 jésus, avec 500 gravures intercalées dans le texte.
Prix, 7 fr.

ESSAI SUR L'ENTOMOLOGIE HORTICOLE, par le Dʳ BOIS-
DUVAL. Ouvrage orné de 125 figures dans le texte et du
portrait de l'auteur, gravé sur acier. 1 vol. in-8°. Prix, 6 fr.

L'HORTICULTEUR FRANÇAIS DE 1851, journal des ama-
teurs et des intérêts horticoles, publié sous la direction de
M. F. HERINCQ. Prix de l'abonnement : Paris, un an, 10 fr.
— Départements, 11 fr. — Étranger, 15 fr.

CULTURE DE L'ŒILLET, par A. DUPUIS, 1 vol. in-18.
Prix, 1 fr.

Paris. — Imprimerie horticole de E. DONNAUD, rue Cassette, 9.

BIBLIOTHEQUE NATIONALE DE FRANCE

3 7531 04125036 7

www.ingramcontent.com/pod-product-compliance
Lightning Source LLC
Chambersburg PA
CBHW062025200326
41519CB00017B/4934